女孩幸福要趁早

卫海霞◎编著

二十几岁女孩必知的幸福要义

華夏出版社

图书在版编目（CIP）数据

女孩幸福要趁早：二十几岁女孩必知的幸福要义 / 卫海霞编著. —北京：华夏出版社，2011.5

ISBN 978-7-5080-6302-7

Ⅰ. ①女… Ⅱ. ①卫… Ⅲ. ①女性—成功心理学—通俗读物 Ⅳ. ①B848.4-49

中国版本图书馆CIP数据核字（2011）第028748号

出品策划：新华文轩 华夏盛轩

网　　址：http://www.xinhuabookstore.com

女孩幸福要趁早：二十几岁女孩必知的幸福要义

编　　著　卫海霞
责任编辑　陈思同
封面设计　思想工社
排版制作　思想工社
封面图片　华盖创意（北京）图像技术有限公司
出版发行　华夏出版社
　　　　　（北京东直门外香河园北里4号　邮编：100028）
经　　销　新华文轩出版传媒股份有限公司
印　　刷　三河市汇鑫印务有限公司
开　　本　720mm×1020mm　1/16
印　　张　18
字　　数　250 千字
版　　次　2011年5月第1版　2011年5月第1次印刷
定　　价　29.80元
书　　号　ISBN 978-7-5080-6302-7

女孩，经营自己要趁早

不管你是白衣飘飘的大学女生，还是刚刚步入社会、开始人生新征程的二十几岁女孩，抑或是30岁左右的轻熟女，只要你是位感性的女性，你对幸福生活的渴望和追求就不会停止，对正值黄金妙龄的二十几岁女孩来说尤其如此。你会幻想找到一位帅气的“白马王子”，不用工作，在老公的庇护下幸福地过一辈子。但是，女孩，要知道这个社会是现实的，不是童话世界。有句话说得好：“任你如花容颜，也抵不过似水流年。”可能你自恃青春无限好，不去想未来可能的诸多变数，但是岁月总会无情地变迁，你总有人老珠黄的一天。任何人的容颜都不会是永恒的，况且，试图凭借美貌留住男人更是不可取的。

所以，二十几岁的女孩不能再有依赖心理，要知道男人这个提款机说不定哪天会跑掉。与其把自己的未来托付给男人，要时刻准备承担精神和物质双重破产的风险，倒不如从现在开始，学会规划自己。二十几岁不经营自己的人生和事业，那么到了30多岁的时候必然会更劳碌，好命也会与自己无缘。所以，用心经营，精准地策划自己的未来，那么你未来的人生必将多姿多彩、风生水起。

本书专门为二十几岁的女孩倾心打造，不仅有帮助女性树立强者心态的篇章，还有指点女性穿衣之道的篇章，本书正是在此基础上策划写就的。可以说，书中的每一句话都是金玉良言，都是姐妹们用走过的弯路和血泪换来的经验教训，相信这些可供二十几岁的女孩拿来借鉴自己的人生。女孩可以不做女强人，但是一定要做强者。女性在事业上开疆扩土的志向普遍都弱于男性，因此，本书添加了女性要自信、自强的章节。本书触及到的都是女性最为关心的问题，同时也是影响女性成功和幸福的关键。在创业这条路上，已经有很多年轻女孩都大胆尝试过，她们都是出类拔萃的新时代女性。也许思想传统、追求安稳生活的你没有商业头脑，但是不管什么时候，女孩都要获得经济独立和精神独立。唯有如此，女孩才能让自己更聪明、更智慧，才能拥有更加精彩的人生！

本书除了包含职场、情场、婚姻经营、投资理财等方面大规模的实例分析和点评外，更难能可贵的是本书还选取了令新时代女性头疼而有难言之隐的老大难问题——剩女问题，以及生活与工作的平衡问题。在这些方面，本书都给予了精神支持和充满善意的人文关怀，同时还提供了操作性比较强的解决方法。

总之，本书不仅是写给二十几岁女孩的人生智慧书，更是写给所有女性的心灵能量书。在闲暇之余，在心烦意乱之时，在寂寞之际，女孩不妨多读读本书的建议。每天读一两篇，天长日久，相信定能改变你的人生。那时，你不仅能收获甜美的爱情和婚姻，获得工作和事业上的成长，更重要的是能找到真正的自己。

女孩成熟要趁早，二十几岁不知道，30岁后绝对要吃亏！还等什么？赶快翻阅、品读这些金玉良言吧，它会把你修炼成自己希望成为的女人，得到你想要的幸福！

目录
CONTENTS

Part1 个人修养

形象篇
女孩二十几岁不漂亮，那绝对是你的错

心理篇
女孩，请不要看扁自己

Part2 恋爱婚姻

红颜篇
不要太迷恋童话般的爱情，那只是个传说

情爱篇

一等女人用心经营爱的港湾

Part3 财智打造

财商篇

二十几岁学理财，30岁后才有钱

智慧篇
二十几岁，经营自己的人生和事业

Part4 人际职场

职场篇
跳好职场芭蕾必知的潜规则

人脉篇
高质量的人脉会让你的人生犹如坐上快艇

Part5 幸福生活

幸福篇

女人的幸福与自己有关

献给二十几岁女孩的幸福人生经营书

规划要长远，
幸福要趁早。

Part1 个人修养

形象篇

女孩二十几岁不漂亮，那绝对是你的错

形象，是一个人无声的语言。不必说话，只外在的形象就已经将你这个人的基本特点暴露无疑了。所以，作为女孩，如果你不想在他人面前被人一览无余的话，那么适当地修饰一下自己是很有必要的。俗话说：“没有天生的靓女，也没有天生的丑女。”给自己的形象定位，找到属于自己的装扮方式，漂亮将不再是遥不可及的事。无论你是哪种类型的女孩，只要选对自己的装扮方式，就可以将你的魅力展现出来。

漂亮一点，成功就离自己近一点

有人说，这是一个两分钟的世界，你只有一分钟展示给人们你是谁，另外一分钟让他们喜欢上你。也有人说，漂亮不仅是美好生活的代言，是走向成功阶梯的扶手，更是进入爱情神圣殿堂的敲门砖。

古代的美女“一笑倾城，再笑倾国”，到了市场经济时代，美女与经济组合在一起，摇身变成了热辣的“美女经济”。打美女牌，算经济账，美女的影响力越来越大，大有辐射至各领域、渗透到各行业之势。大到车展、房展、各种发布会颁奖礼、选秀节目，小到商场开业，或是兜售某种商品，商家都热衷于请美女出台，借美女生财。“美女经济”其实就是“眼球经济”，因为美女吸引的就是人们的注意力。

美女的魔力在于她们是美丽的化身，给人美感，引人注目。尤其在人们的生活节奏与工作节奏日趋紧张的今天，美女的魔力在于它宣扬了人皆有之的“爱美之心”，让整个社会达成对美丽的分享。

很多女孩会说，我们都是平凡的普通人，与那些炙手可热的美女根本不沾边。其实，我们普通人在现实生活中也会遭遇被美女闪腰的事，比如：有些公司无论招聘什么职位，只要招聘的是女性，都会写上“形象好，气质佳”。漂亮、美丽的形象就是一个人各方面成功的通行证，无论在职场，还是在情场。

小枫刚刚博士毕业，她去英国伦敦大学学院（UCL）应聘讲师。她没有别的想法，就是喜欢那个大学的人文气息和优雅的教学环境。没有想到，在她离开半小时后，就接到了面试她的系主任的录用电话。她欣喜若狂，第二天就去系里报到。她没有辜负这个对自己有知遇之恩的大学，她努力工作，终于成为学校最优秀的讲师之一。有一天，她鼓起勇气询问系主任当初录用她的原因。主任还非常清晰地记得小枫那天的样子，他说："从你一进门，我就感到你是我要找的人。你庄重的外表散发出的某种气质，使你显得很有人格魅力，有一种强烈的吸引力。所以，我就断定你是一个可以信赖的人，因为只有一个有高度素养、值得信赖、正直而勤奋的人身上才会有这样的气质。你并没有让我失望，现在你已是学院最优秀的讲师之一了。"小枫没有想到这个很多人激烈角逐的职位，就这样因为自己出众的气质和形象落到了自己手里。

现代社会，漂亮的女人很容易得到优厚的回报（当然无论美女、丑女都需要有内在美的支撑），而忽视外表、不修边幅的女人则不容易被人重视，因此成功之路会走得异常艰辛。

谭咏麟贺岁神话喜剧大片《财神到2010》由几个妙趣横生的故事组成，其中就讲述了一个不修边幅的女人事业遭遇挫折的故事，令人啼笑皆非。

徐杰（杨千嬅饰）本是个踏实上进的办公室女郎（office

lady），但在这个功利的世界中，却吃尽苦头。不管她多么努力，升迁的机会还是被漂亮的富家女嘉露莲夺去！而她深深倾慕的集团太子爷张少君，徐杰更是连走近的机会也没有，因为她的外表实在是有点儿邋遢！她不喜欢化妆，还戴着老大妈的眼镜，她本人对自己的不修边幅丝毫不在意。她常常搞不懂为什么自己工作认真努力，升迁却总也轮不到她。在遭遇漂亮富家女的打击后，她心灰意冷，想寻死觅活，幸好遇到了财神总管（谭咏麟饰）。他就劝勉徐杰，人生并非充满绝望，后来上演了一系列搞笑、荒诞的故事。最后，在财神和好友的包装下，徐杰变得非常漂亮。因为外表的改变，徐杰在公司就不自觉地被同事刮目相看。借着财神总管的法力，变漂亮的徐杰在工作上更是无往而不利，把嘉露莲也给比下去了！

凭着自身的实力，外加无人可挡的美丽和魅力，徐杰不但赢得了总经理的职位，最后还赢得了太子爷的倾心。

女孩，实力确实很重要，但是一副好形象也是不可忽视的。它就像扶摇直上的风，会把你推上九天云霄，让你一览蓝天的美妙。所以，认真打造自己的美好形象吧，这也是在为自己打造一块金字招牌，能够让人更加信任你、看重你。

有人说，这是一个两分钟的世界，你只有一分钟展示给人们你是谁，另外一分钟让他们喜欢上你。也有人说，漂亮不仅是美好生活的代言，是走向成功阶梯的扶手，更是进入爱情神圣殿堂的敲门砖。女孩，把自己打扮得漂亮一点，成功就会离你近一点。人生只有一次，让自己做个美丽的女人吧！

每个女孩都是美女

如果天生的美女不会着装，没有怡人的气质，那也只能成为人群中不显眼的一员。而长相普通的女人，如果会打扮，能穿出自己的气质，走在人群中就会很醒目，她的人生之路就比不会打扮的女人更顺利、更多彩。

美女不仅对男人有致命的吸引力，同样身为女儿身的女孩也会被其深深地吸引。女孩总会感叹："唉，我本是天上的仙女，可惜下凡的时候，是脸先着地的。"再怎么掩饰，也难以抹去心头的那份落寞和不甘。其实，女孩，外貌是天生的，但仪表却可以后天修饰。如果天生的美女不会着装，没有怡人的气质，那也只能成为人群中不显眼的一员。而长相普通的女人，如果会打扮，能穿出自己的气质，走在人群中就会很醒目，她的人生之路就比不会打扮的女人更顺利、更多彩。

在现代社会，美丽已经成为女人立足社会的一项重要资本，相信女孩都懂这个道理。也许说到要成为美女，女孩的自卑心马上就会出来搅局。有些女孩会说自己皮肤不好，不是皮肤暗黄、发黑，就是脸上被痘痘攻陷，还为自己不高的身材伤神……让一个对自己外貌没有多少自信的女孩说自己外形上的不足，相信每个女孩都能滔滔不绝地说出几点。但是，女孩，“三分长相，七分打扮”，“佛靠金装，人靠衣装”，这些古语不是空穴来风，请关闭你自卑的心灵吧。明星们再巧笑倩兮，美目盼兮，那也是包装出来的，就像财神和好友包装徐杰那样。如果卸了妆，她们红润的脸颊、忽闪的大眼睛、长长的睫毛马上就会消失，她们也会顿时黯然失色。

《康熙来了》办过这样一期节目，请的嘉宾都是时下有名气有声望的女演员、女歌手，但是节目组让她们卸妆之后以真面目示人。这样的内容自然吸引观众早早就等待节目的开播，很多观众都是伸长脖子想看女嘉宾如何出丑。不过女明星敢于素颜示人，也展示了她们作为普通女人本真的一面。看了那期节目后，我们不仅真真切切感受到了“没有丑女人，只有懒女人”的道理，也因为她们中间个别人的普通相貌大大增长了我们的自信心。

与《康熙来了》明星卸妆故事有异曲同工之妙的，就是台湾综艺天王吴宗宪主持的《我猜》节目。

《我猜》节目不仅有发现美女和校花的环节，还有打造美女的环节。有一期来了三个长相普通的女孩，比赛化过妆后谁的反差最大，谁就是当期节目的赢家。有几十个人作为评委，还有现场嘉宾和主持人做见证。

三个女孩先是素颜上场，与现场观众打招呼、说话、做互动游戏，然后是很简单的化妆。三个女孩自己给自己化妆，化妆的用具也是简单的睫毛膏、粉底、眼影和腮红，时间规定是五分钟。这样既便于女孩自己上班、约会，也便于电视机前的女孩子快速学习和模仿。最后1号女孩胜出，她化妆前后的变化反差最大。她笑谈自己去男友的Party，男友的朋友见了她，还以为他换女朋友了呢！

瞧，这就是化妆的魔力！它能让一只麻雀蜕变成一只美丽的孔雀，也能把一只美丽的孔雀装扮成一只不起眼的小麻雀。这就是这两个节目的魅力，也是女孩自身的魅力。长相普通的女孩不要再为自己先天的容貌自卑，让自己摇身变美女在现代社会是非常容易的事情。

女孩天生为爱痴狂，失恋了就像失去了全世界，不仅目光呆滞，人也显得苍老许多。如果你因为不会打扮自己，而使自己流于一般人的外表，那尚可原谅，但是如果因为负心男人的离开而放弃自己，使得自己容颜变丑变老，那就是太不明智的行为了。如果男人已经变心了，追不回来了，就让那个没有眼光、不值得你爱的男人离开吧。这只能说明他不是你的Mr. Right，不是你的那杯茶，早点儿认清他的真面目是一件好事。适度地难受过后，就该为自己庆幸了。心情好转，气色就会好转，那么就该收拾自己、打扮自己了。记住：除了自己，没有什么能遮住你天然的美丽光芒。

爱美的女孩，还等什么呢？赶紧加入打造自己美貌的大军之中，做个内外兼修的美丽女人吧！

美貌来自勤奋

美丽来自于高超的化妆，但是化妆仅仅是冰山一角，变得美丽的秘诀是——美貌来自勤奋。只要你有渴望变美的心，有长期坚持的毅力，那么，不管多么平凡的面容和体型都可以变得漂亮。

青春和美貌可以为女孩的成功加分，那么，想要变得美丽很难吗？我们知道，美丽来自于高超的化妆，但是化妆仅仅是冰山一角，这里将详细介绍变得美丽的秘诀——美貌来自勤奋。只要你有渴望变美的心，有长期坚持的毅力，那么，不管多么平凡的面容和体型都可以变得漂亮。还是先看个小故事吧！

小轩与小娇既是小学同学，又是初中同学，两人从小一起长大，小姐妹常常形影不离。但是，小轩常常被男同学们取笑为“小胖墩”，就是因为她有爱吃零食的坏习惯，所以她不仅脸蛋长得圆乎乎的，连嘴唇也胖嘟嘟的。每次下课，男同学们都会对小轩说：“小胖墩，今天又带什么好吃的啦？”每次小轩都会起身追赶那个带头起哄的男生。而自己的好友小娇，却是男生的梦中情人，她不仅皮肤白皙，睫毛也很长。有段时间，小轩特自卑，放学后都不想与小娇一起回家了。

斗转星移，一转眼小轩大学毕业了，在一家大型企业做高级翻译。她优雅得体的装扮、温文尔雅的谈吐，为她赢得了无数的鲜花、掌声和机会，还有一大批“慕名而来”的追求者，小轩没想到自己也能成为男生的梦中情人。

春节时，初中同学聚会。当小轩和小娇姐妹俩手挽着手再次出现在众人面前时，大家都“大跌眼镜”。原来，当年被取笑为“小胖墩”的小轩，如今已经出落成亭亭玉立的淑女；而当年让自己情窦初开的小娇，如今已经……

原来，小娇初中毕业后念了几年中专就回老家嫁人了，每天在起早贪黑的辛苦劳作和日常生活的油盐酱醋中已经失去了打扮的兴致。一头飘逸的秀发也随意用皮筋盘在了脑后，脸上有灰尘都懒得擦了。有了孩子的拖累后，小娇的身材也开始发福。为了孩子和家庭，小娇似乎已经忘记了自己是个女人。天长日久，她如花似玉的容颜也开始凋败，她也俨然变成了残花败柳。

而小轩就不一样了，她爱美的天性在男生的嘲笑声中催生。她上高中时就开始注意自己的外表，课业之余，她就开始减肥，除了控制自己的饮食外，她每天还做2～3个小时的运动。同时，她也开始注重保养皮肤，不仅保湿，还要美白，她连每天洗脸护肤的程序都执行得一丝不苟。当小轩考上著名学府的时候，老天也给了她另外一份礼物，那就是女大十八变，她已经出落成亭亭玉立的小美女了。自然，在大学追求她的人比在高中时要多，追求者们的条件也更优秀了。

上了大学的小轩就从繁重的课业中解脱出来了，她有大把时间专门用来“进修”一些美容、时尚类课程。每逢学校有舞会、文艺晚会这些重要场合，她必定会“精雕细琢”，“闪亮”登场。毕业后，她凭着自己出众的外貌和流利的口语，应聘上了一家知名大企业的高级翻译。面貌改变了，好像人生的很多际遇都会改变。开始走上社会打拼的小轩对自己的仪表更加不敢掉以轻心，因为她认为二十几岁的同龄人应该对外貌和内涵都同样重视、一视同仁。平时，她会买些时尚杂志潜心钻研，其中金钱的付出暂且不说，光是衣物的保养就得占用大量时间，但小轩都坚持了下来。

对仪表精益求精的追求，让小轩的品位与装扮技艺越来越高超。通过年年月月的“更新换代”，如今的小轩在大街上的回头率已经很高了。她的美貌并不是天生丽质，而是因为她懂得如何扬长避短，在勤勉的装扮护理中，找到了彰显自己的方式。

小轩只是一只平凡的“丑小鸭”，但是她却完成了向“白天鹅”的蜕变，尽管这个过程长达10年。相信生活中，像她这样因为勤奋而变美的女孩还有很多很多，丑女与美女的唯一区别就在于丑女懒惰、美女勤奋。

下面给女孩们介绍一些麻雀变凤凰的小妙招，希望女孩们勤加练习，不要再找任何借口敷衍自己了。

1. 一定要会化妆，哪怕只是淡妆

关于化妆的魔力，前面已经涉及到，在这里我们就不再赘述了。下面的章节中我们会讲到具体的化妆手法，女孩可以去看，也可以去查询与化妆相关的信息。切记卸妆要彻底，这样皮肤才能更好地呼吸。

2. 选适合自己肤质的护肤品，这是对症下药

用错了，很可能会加快皮肤的老化。

3. 胖胖的可爱女孩一定要减肥，这是美丽的代价，也是通往幸福与

成功必不可少的法宝。

4. 一定要控制饮食

少吃那些含油、糖、食盐的食物，因为其中含的热量太高了，辛辣食物也不宜多吃，要多吃蔬菜水果、多喝水。瓜果蔬菜不仅能补充人体所需要的能量和营养，还能达到瘦身的功效。每天喝八杯白开水，可以加速身体的新陈代谢，排除体内毒素。记住：喝白开水就行了，不要喝那些富含咖啡因的饮料。

5. 每天保持适量运动

美丽的女人一定也是经常锻炼的健康女人。适量的运动能促使全身血液循环加速，使肌体活动张弛适度，从而增强皮肤润滑度；也可令全身肌肤有大量流汗的机会，让肌肤健康平衡，大大降低肌肤衰老的机会。减肥效果比较好的运动主要有舞蹈、瑜伽、游泳、健走、慢跑等。

6. 不要经常暴晒，也不要抽烟喝酒

这样会使你的皮肤提前老化10年。

7. 不要让坏情绪毁了你

我们脸上有一道隐形的“愁纹”，一旦我们被坏情绪俘虏，它就会若隐若现，直至完全出现，最后再也消失不了。爱美的女孩应该有一颗温和宽容的心，经常保持好心情，让坏情绪远离你。

8. 早睡早起，不要熬夜

熬夜是皮肤保健的大敌，睡眠不足会使皮肤细胞的各种调节活动失常，影响表皮细胞的活力，这很容易表现在皮肤上。女人要想美丽，每天至少要睡8个小时。只有睡好了，才可以消除皮肤的疲劳，使皮肤细胞的调节活动处于正常状态，延缓皮肤的老化。

爱美的女孩，加油吧！

聪慧的女人会化妆

二十几岁的女孩，化个美丽的妆容，呵护你的容颜，展现令人赏心悦目的气质之美，是一门值得一辈子学习的功课。记住：一个对自己容貌都敷衍了事的女孩，命运是绝不会给她更多的机会的。

爱美是女人的天性，相信没有一个女孩会说自己不想变漂亮。也许有的女孩会说："我就是喜欢保持本色。"所谓的"本色"是什么？是清汤素面的本色，还是放任痘痘、暗疮、斑点、皱纹横行的本色？俗话说"女为悦己者容"，难道你喜欢自己邋遢的面容吗？女孩喜欢化妆，愿意收拾自己，至少从侧面反映出这个女孩对生活是积极的。会化妆的女孩大多是聪慧而有品位的，她懂得在什么时间什么场合化什么妆。再说，爱看美女是人的天性，就连女孩自己都喜欢看美女，觉得美女赏心悦目，那么女孩也应该考虑下别人看自己的感受吧！日本化妆大师植村秀说："化妆后经常会有那么一瞬间，模特因为看到一个全新的自己而眼睛发亮。我经常把化妆描述为'再生'，化妆师职业的魅力就在于能够分享'再生'带来的快乐。"

女孩会摊开手，耸耸肩说："不会化妆啊，化妆好复杂啊！看到那么多瓶瓶罐罐，那么多不同品牌的化妆品，就感到头大，化妆是件很难的事。”其实，只要你想变美丽，只要你愿意在脸上花时间，一切都不难。化妆就像烦琐的工作、柴米油盐的婚姻，你愿意经营、会经营，它就能带给你高额的回报。因为我们毕竟不是艺人、明星，不走什么星光大道和红地毯，身为普通人，先跟着我们学些最基本、最简单的化妆常识和化妆技巧吧。化妆同任何事情一样，都需要慢慢来。

日本化妆大师植村秀说：对化妆来说，简约为好。

还有位有名的女化妆师说：“化妆的最高境界可以用两个字来形容，就是‘自然’。最高明的化妆术，是非常考究的化妆、是最自然的化妆，能与主人的身份匹配，能自然地表现出主人的个性与气质。

“次级的化妆是把人凸显出来，让她醒目，引起众人的注意。

“拙劣的化妆是一站出来别人就发现她化了很浓的妆，而这层妆是为了掩盖自己的面部缺点或年龄的。

“最糟糕的化妆，是化过妆以后扭曲了自己的个性，又失去了五官的协调。例如，小眼睛的人竟化了浓眉，大脸蛋的人竟化了白脸，嘴阔的人竟化了红唇……”

所以，化妆的最高境界就是要回归自然、塑造个性，达到“无妆”的境界。

下面是化自然妆的小技巧，具体步骤可参考如下：

1. 打底的化妆品就像爱情，将就不得

选一款适合自己肤色的隔离霜或粉底打底。粉底可以改变皮肤的颜色并掩饰面部缺点，从而强调脸部的轮廓，增加脸形的立体感。有斑点的皮肤可选用绿色隔离霜，黄色或苍白的皮肤可选用紫色隔离霜。涂过隔离霜后，肤色会变得更均匀、更自然，看起来有种透明的感觉。取适量粉底涂在额头、鼻尖、下巴及两颊五个部位上，然后用棉扑稍加压力地涂抹，一定要涂抹均匀才行。别小看底妆，它就像房子的地基一样，若打不好，上

面的彩妆就会“倒塌”。

2. 眼妆能否与整个面部的妆容协调，取决于眼影的选择

颜色搭配协调的眼影不仅能突出眼部的特点，更能增加眼部的立体感，起到锦上添花的作用。首先，选用略有闪光感的浅蓝色或近于肤色的色彩；然后，用海绵棒蘸取适量的眼影，用海绵棒尖端在外眼际睫毛根处涂上一层颜色较浓的眼影，再用海绵棒粗圆部将眼影涂满眼皮内侧；最后，用手指将整个眼部的眼影擦拭均匀。

需要注意的是，涂眼影时一次不要涂得太多，可多涂几次。

3. 为了达到透明无妆的效果，可省略眼线步骤，直接涂上黑色睫毛膏

先用睫毛夹把睫毛卷翘；然后取适量睫毛膏，先从睫毛上面由内往外轻刷一次，再从睫毛下面由睫毛根刷向睫毛梢。要点：睫毛梢部位不可太浓、太厚，要细长，这样才能达到清新自然的效果。最后用小梳子从睫毛根梳向睫毛梢，防止睫毛粘连。

4. 完美和谐的眉形，可令整体的妆容出现耳目一新的变化，使眉、眼、唇相得益彰，魅力四射

首先确认眉头、眉峰及眉尾的位置，用眉笔在上面点上三个小点，难以“驾驭”的眉部化妆就容易多了。眉头要平和自然；眉尾要纤细，长短适宜，否则会显得生硬；眉峰的修饰直接影响眉形，是眉部妆容的重点部位。

若你的眉毛很浓密，只要用刮眉刀、拔眉钳及修眉剪理出干净利落的眉形，即可得到脱胎换骨的效果。

5. 嘴唇是面部最娇艳的红玫瑰

首先用沾满口红的刷子从上唇的唇角刷向唇峰，注意左右两端的唇峰，涂时要小心谨慎。涂下唇时要注意上下唇的宽度，先用唇刷固定下唇

中央的轮廓线，再从中央涂向唇角。最后用化妆纸吸去多余的油脂，就会使唇部更自然。

6. 扫腮红，成败就在此一举了

二十几岁的女孩，可选用橙红色的透明色彩，这样立马能令你的俏脸变得生动、可爱。

另外，你还要把握一个基本要点，即重点化妆的部位应该是最有优势和美感的部位，不易过多地表现不足的部位。比如，你的唇部条件不好，如果超出了化妆可调整的限度，就不宜强化了，过度强调反而会突出有缺点的部位。

培养自己的审美鉴赏能力，是一件漫长而又不容易做到的事情。一方面需要不断地加强文化修养；另一方面可以通过影视、报纸、杂志等渠道，留心和琢磨优雅人士的各色得体妆容。积累多了，妆容方面的审美能力自然会大大提高。

毫无疑问，女孩的美是用时间和卓越的智慧换来的。不想动脑筋，不想下工夫，就别想成为仪容俏丽的女孩。如果女孩本身姿色并不出众，又想引起别人的注意，那么试试以上六个步骤吧。

二十几岁的女孩，化个美丽的妆容，呵护你的容颜，展现令人赏心悦目的气质之美，是一门值得一辈子学习的功课。记住：一个对自己容貌都敷衍了事的女孩，命运是绝不会给她更多的机会的。所以，女孩，赶紧准备好你的“化妆箱”，“妆”扮你的美丽吧！

随身携带迷你化妆箱，随时美丽无限

有人说，女人的漂亮程度和她化妆箱的大小成正比，此话虽然有点儿夸张，但也有一定的现实和理论依据。所以，学化妆扮靓的第一个前提自然是拥有一个迷你化妆箱了。

爱美的女生费尽千辛万苦终于学会了化妆，或者知道了点化妆的技巧，就在人前大大地美了一把。但是，随之而来的是另一个令女生苦恼的问题，那就是脸部的妆容一般只能保持较短的时间，时间长了，颜色就会发生变化。尤其是在重要的场合，比如要参加一个重要的Party，与男友约会，甚至要参加公司的商务酒会、展会……

我们还发现了一个现象，那就是无论是在商场、公司，还是在娱乐和餐饮场所，它的洗手间都有一个隐性的功能，就是供爱美的女士们补妆。即便在公共场合，我们也会看到很多女性不合时宜地、在众目睽睽之下化妆或者补妆。可见补妆的重要性，也可见现代女性是多么爱美，多么在乎自己的形象。

那么，尴尬时刻，如何补妆？补妆又有什么技巧呢？女孩可以照着下面几个小技巧反复练习：

1．补干粉。在干燥的天气补干粉，干粉不容易紧贴面部，反而会在肌肤表面形成一粒一粒的粉粒，甚至是干纹。所以补干粉前，一定要喷上保湿喷雾，为肌肤提供足够的滋润后，再补干粉。这样的妆容不但自然，效果也会更持久。

2. 对易分泌油脂的部位做好预防工作。因为天热或者本身肤质是油性皮肤，女孩的妆容很容易“脱妆”。所以，女孩在认清自己的肤质后，不妨做好补妆的预防工作。

T字部位：油脂分泌特别旺盛，粉底吸收不了油脂，便会泛起油光，宜先采用控油产品。

眼睛四周：有些人的眼头及眼尾肤色特别深，黑眼圈更是不少人的大敌，宜先用遮瑕膏遮掩。若眼线及睫毛液脱落，也会令眼部周围的颜色变黑，可用棉棒扫走，再补上粉底。

眼睛下方：不少面部动作也会牵连到眼睛下方的位置，粉底容易积聚在眼睛下方的细纹之间，补妆时要将粉底涂抹均匀。

鼻翼位置：分泌的油脂及汗液会令粉底积聚在鼻翼位置，补妆时宜用海绵的角位将粉底扫均匀。

嘴唇：说话、进食不仅会令口红脱落，也会令原先涂有粉底的嘴角脱妆，所以在涂上唇膏前，要先为唇部补上粉底，然后再涂上唇膏。

3. 补妆步骤如下：

Step1 清除汗渍：用面巾纸（而不用吸油纸，因为它会刺激皮肤再分泌油脂）轻轻擦掉汗渍，不要太用力，不然会破坏底妆。

Step2 吸去油脂：用吸油纸轻轻按压，吸去面部油脂，尤其是T区。同样要轻柔，用力拉扯，只会让毛孔变得更粗大。

Step3 刷去残渣：用一把干净的小刷子刷掉脱落的睫毛膏残渣，这些小点看似无妨，但混合了眼周的油脂，就是造成“熊猫眼”的罪魁祸首。棉签的妙用正在于此，蘸取化妆水或乳液就能擦掉晕开的眼部彩妆。

Step4 蜜粉定妆：用蜜粉轻拍整个脸颊，尤其不要忽略眼部周围。要根据肤色和肤质选择蜜粉，买之前一定要试用。如果粉扑难以使妆容效果轻薄，最后一定要用大的粉刷扫去多余的粉末，才能实现轻薄透明感。

Step5 完美补色：最后，用睫毛膏再刷一遍睫毛，补上腮红和唇膏，重新恢复神采奕奕。

4. 敏感性肌肤化妆要谨慎，补妆要小心。有些女生是敏感性肌肤，化完妆后，皮肤可能会有不适感。坐在赶往重要场合或者约定地点的出租车上时，可能就会在脸上摸来摸去，这样好不容易化的妆就会花。这时，在身边预备一些具有舒缓紧张皮肤功能的乳液绝对是必要的，涂在脸上，“反应强烈”的皮肤顿时可以恢复清爽。在粉底的裸露处用一些这样的乳液，把腮红和蜜粉抹淡，只保留眼睛和唇部的彩妆就行了。

如果皮肤过敏出了疹子，与其难受，不如马上采取应急措施。用冷水和无任何添加剂的洁面乳清洁面部，把新产品从皮肤上抹掉，在还没有完全抹干水分时涂上一层薄薄的凡士林，用一些冰敷在脸上，便能迅速镇静皮肤。在使用新产品前，最好测试一下自己是否对其过敏。如果皮肤开始发红，就马上用牛奶泡一杯袋装茶叶，敷在脸上，能使皮肤即刻得到缓解。

5. 夏天如果后背肌肤干燥脱屑，而且晒得深浅不一，而爱美的你又喜欢穿吊带装，这时你可以用细软的沐浴刷将皮肤的老死细胞刷去，然后用较温和的沐浴乳温水淋浴。在肌肤尚未干的时候，多擦一点滋润乳液。如果可以，用接近深色皮肤的粉底均匀覆盖在花了的皮肤上，皮肤会变得滋润很多。

6. 如果在重要场合，抑制不住情绪，眼泪突然决堤了，而用的又不是防水的睫毛膏，这时你要赶紧躲到化妆间，拿出身边的护唇膏、护手霜之类的乳液，擦一点在眼下，然后用面巾纸轻轻擦掉。如果没有乳膏的话，取一张面巾纸用嘴沾湿，就能轻松卸妆了，关键要在妆容花掉之前采取抢救措施。

7. 时刻使秀发看上去整洁的小妙招。比如你要飞往其他城市见客户，你要先往头发上抹上厚厚的一层油膏，并且将头发在脑后挽成一个发髻，可以防止头发干乱。然后，下飞机后赶紧去酒店将油膏清洗掉，保证头发的正常呼吸，这样你的新发型就不会被弄乱了。

如果你的头皮屑猖獗，明明在早晨出门前刚洗了头，可头皮屑还是掉不停，这时最好去附近买一瓶小包装的去屑洗发露洗头，没有条件的话就只好将头发打湿，梳成马尾了。

总之，补妆和化妆一样，都需要精心准备，都有很多小技巧，需要爱美的女孩们下工夫才能搞定。但面对梳妆台上的瓶瓶罐罐，你会觉得无从下手，别着急，只要一个迷你化妆箱就可以帮你轻松搞定。

小型的迷你化妆箱，不需要放多少瓶瓶罐罐，只需要盛放下列几样常规的化妆用品就行，比如眼部的睫毛膏、睫毛夹，嘴部的护唇膏、唇油、唇彩、口红，脸部的腮红、粉饼、各种彩妆品，护肤的护肤霜、防晒霜、爽肤水、护手霜等。这几样是非常常规的，女孩子最好挑几样随身携带，这样就便于随时绽放自己的美丽，把自己最好的一面展现给他人了。有人说，女人的漂亮程度和她化妆箱的大小成正比，此话虽然有点儿夸张，但也有一定的现实和理论依据。所以，学化妆扮靓的第一个前提自然是拥有一个迷你化妆箱了。

迷你化妆箱比较小，空间有限，所以一定要收拾得恰到好处，才能发挥最大作用。首先，要清除一些你已经不用或者过期的东西，然后再买些适合你肤质的、应季的化妆品，把每一寸空间都合理利用起来，你就能成为扮靓高手了。

女孩一定要有个百变衣橱

虽然树立自己的风格是必要的，但是有一个高于一切的前提，就是这种风格必须让你觉得自在。如果让你感到很不自在，那就不要买了，否则穿上身的感觉会更糟。

没有一个女孩会觉得自己衣柜里的衣服够穿，即使衣橱里有成百上千件服装，也永远觉得缺少一件，这就是女孩爱美、求新求异的表现。

二十几岁的女孩，初到社会，总是带着好奇的眼光看着这个转动的世界，在思想跟着转动的同时，也要在仪表上花点心思了。如果再一味地牛仔裤、运动鞋、T恤这副行头，就会被人认为幼稚了。在社会上就要与社会接轨，不同场合穿不同风格的服装就成了女孩工作之余要考虑的事情。

在各种正式场合，不注意个人着装者往往会遭人非议，而注意个人着装的人则会给他人留下良好的印象。

小林性格活泼开朗，本不想进国企工作，但后来还是遵循老爸老妈的意见，进了国企。她觉得国企气氛太沉闷了，工作期间，同事们不仅说话很少，就连穿的也是老掉牙的衣服。她觉得自己的个性受到束缚，也想通过自己的努力，让办公室的气氛活跃一点。本来就时尚的她第二天就穿起了吊带，配了一个超短裙，她觉得自己这样可爱的造型一定会给沉闷的大楼带来生机。但是还没到中午吃饭时间，她就被主任叫去，被着实说了一通。

其实小林喜欢赶潮流，这并没有什么错，但是错在场合不对。因为国企要求员工踏实工作，对职员的衣着要求简洁大方即可，如果衣着过于正式或华丽就会令领导及同事产生紧张感，突兀的风格或色彩将使井井有条的工作流程无形中陷入混乱。

女孩，你需要一个百变衣橱。什么衣服上班穿，什么衣服约会穿，什么衣服逛街穿，什么衣服居家穿——只要能突出你的风格，凸显你的魅力，就可以购置在你的百变衣橱里。只要你喜欢，你可以昨天还是运动健将，今天就摇身一变、成了衣着素雅的淑女，也许明天又会变成张牙舞爪的小妖精……百变随行，皆在自我！那么，女孩，你的百变衣橱里应该有哪些衣服呢？

1. 套装是职业女性不可缺少的。穿上套装，立马可以让人想到职场丽人，那经典的装扮可以给人精明干练的感觉，别人轻易也不敢跟你“套磁”。不管是穿一套庄重、知性、简约的Armani套装，还是性感些的Gucci收腰夹克和瘦腿直筒裤，套装都赋予了女人一股严肃干练的气质。

2. 很多女孩也喜欢挑战性感装，在恋人或老公面前扮演性感女神。这时，你的衣橱就少不了凸显胸围的Forgal紧身胸衣、超短裙、Dior艳色大网眼袜与细跟高筒靴了。再加上你出色的妆容和发型，会将你装扮得相当性感。

3. 充满女人味的衣服，也是女孩喜欢的着装风格。你的衣橱里会有很多充满女人味的衣服或者小饰物，比如上面有刺绣、流苏、图案纹理，天然的麻棉质感及印花、褶皱、抽纱、鸽眼、镂空、花边等工艺的充满民族风情的服装；或者以松石和金银作为装饰品的衣服，配之以舒适的麂皮平跟鞋，这是充满异域风情的女人味的衣服；还有些蕾丝的衬裙、镶珠片的紫色长裙及缀饰的罩衫，面料柔软质感，工艺精细隽永，搭配精致的MiuMiu小手包和女人味十足的Sofia高跟鞋，都会使你优雅的女性化形象凸显出来。

4. 经典白衬衣和百搭的打底衫是必需的。它们能搭配针织外套、皮衣、夹克、女西装等，能打造百变的你。因此，打底的衣服必须购入你的百变衣橱。

5. 风衣。春秋季节，风衣可以为我们遮寒，而风衣是最容易搭配服装的，下面搭配牛仔裤、长裙、短裙都好看，而且能穿出不同的风格来。

6. 披肩和丝巾。时尚女性的衣橱里不会缺少各种披肩和丝巾，它们可以轻松“卖弄”多种风情。

7. 睡衣。穿上舒服的睡衣，可以加快我们的睡眠。以蓝色睡衣为最好，因为蓝色可以让人放松，让你尽快进入梦乡。宽松舒适的棉质或者丝绸质地的睡衣是女孩的首选，当然，睡衣款式和颜色众多，女孩可以根据个人喜好筛选。最重要的就是穿着舒服，可以放松我们一整天的忙碌。

明星们大都是极有个性的时尚人士，这是她们的工作需要，也是她们的爱好。女人天生爱美丽，我们可能看到王菲第一天还穿着CK衬衫、牛仔裤，第二天就换上了野性十足的Christian Dior的长礼服。她们很清楚什么款式的服饰最能衬托自己的身材，哪一款太阳镜最适合自己的脸形和肤色，什么样的打扮会让她们感觉舒适自如。可以想象，她们的衣橱里会有多少种适合她们风格的服装！

如果你像奥黛丽·赫本一样喜欢穿裤装，那么就不要用裤子来掩饰你的腿形，而应尽量用它们来装饰你的一双长腿。翻皮的、皮革的、细帆布的、性感的、庄重的……长裤是一种标志，任意的风格你都可以放心地收集。

流行风尚变幻莫测，什么样子才能不至于在人海中被湮没？让你的心来告诉你吧！如果你认为自己很性感，又有穿短裙的自信，那何不多储备几条短裙？如果你迷上了复古装，那何不满足一下自己的愿望？如果你喜欢一件饰品，或是围在肩上的披巾，或是一个形状古怪的手袋，想买就买下吧，用它们来搭配你心爱的衣服，只属于你的标志性风格便产生了。

虽然树立自己的风格是必要的，但是有一个高于一切的前提，就是这种风格必须让你觉得自在。如果穿上MaxMara的双排扣厚呢短外套、Gucci拉链长裤，或Prada时髦的超短衬衫，让你感到很不自在，那就不要买了，否则穿上身的感觉会更糟。

总之，作为一名现代女性，你应该注意各种不同场合的亮相之道，然后穿出自己的品位和风格，这样才能赢得他人的好感。虽然内涵很重要，但是个人形象也要多加注意。所以，选择多套适合自己的、不同风格的服饰来充实自己的衣橱吧!

适合自己的就是最好的

衣服如婚姻，适合自己的才是最好的，才能为自己的美丽加分。不适合自己的衣服即使你倾尽财力买下来，也未必能达到这件衣服本身要展现的魅力，说不定还会让自己蒙羞。

女人一生中最大的个人消费就是服装，每一年的衣装都像一个美丽的篇章，融入了这一年的流行时尚元素。但是女孩，在穿流行与时尚的衣服，或融入某些时尚元素之前，不妨先对自身的外形做个清晰全面的了解。因为流行的并不一定适合你，你喜欢的颜色、款式也可能并不适合你。穿什么款式、什么颜色的衣服要考虑到自己的肤色、身材、年龄等自身条件，否则就可能东施效颦、画虎反类犬，让自己处于尴尬的境地了。记住：衣服如婚姻，适合自己的才是最好的，才能为自己的美丽加分。不适合自己的衣服即使你倾尽财力买下来，也未必能达到这件衣服本身要展现的魅力，说不定还会让自己蒙羞。

《康熙来了》有一期节目，主题是揭秘明星们的衣橱。通过4位明星的衣橱，让观众分享一下明星们的穿衣之道。其中一位身材高挑的名模买了一件黑色大衣，那名模身高在175cm左右；还有一位身材娇小的女明星，身高在160cm左右。爱整人的小S就恶搞这位身高160cm的女明星，让她穿名模的黑色大衣走台步，这位女明星只好用手拎住拖在地上的大衣。可以想象这位身材娇小的女明星衣橱里会有什么样的裙子，她裙子的长度都是在膝盖以上，这样就彰显了自己漂亮的脸蛋而规避自己娇小的个头了；而女模特的衣橱里，当然都是突出自己修长美腿的风衣、长裙了。

爱美的女孩都会穿适合自己的衣服和饰物，这样既能长避短，让别人的眼光投放在自己漂亮的部位，又能使自己显得更出众，而不是一味地模仿别人，更不是随时尚的波、逐潮流的流。因为她们很清醒，一旦穿错了衣服，哪怕一件衣服不合身，那么即使你是美女，也会“黯然失色”“风光尽失”；如果穿对了衣服，就能令你“顾盼生辉”“摇曳生姿”。服饰关乎女人的美丑，一件漂亮的衣服穿在合适的女人身上，那将会带来妙不可言的效果。

每个人都应该有自己的审美倾向。要做到这一点，二十几岁的女孩就不能被千变万化的潮流所左右，而应该在自己所欣赏的审美基调中，加入时下流行的时尚元素，融合成个人品位。融合了个人气质、涵养和个性的穿着会体现出浓郁的个人风格，而风格是最高境界的穿衣之道。

在穿衣方面最有风格、最出位的莫过于王菲这位个性天后。她从来不会跟着潮流走，而是坚持自己的风格，这样她本身的风格就成为时尚，所以她是引领时尚的人，而不是被时尚牵着鼻子走。因为身材高挑，所以她选择服装种类的面很广。她穿淑女裙装能演绎优雅浪漫；穿亮丽背心配背带牛仔裤，就能演绎俏皮的学生；穿黑色小黑裙，她也能演绎高贵；贵为人母的她还能演绎娃娃装的可爱。所以她是不折不扣的百变天后，即使隔着屏幕，我们也能感觉到她的自信。

随着王菲归隐家庭，在美女如云的娱乐圈里，外貌并不出众的小S成了最醒目的。因为她知道自己的不足，并把不足变成了让自己自信的优势。她与“姐妹淘”阿雅本来都属于“矮族”，但是通过巧妙的穿衣手法以及她们的自信心，依然给人很“高大”的感觉。高跟鞋搭配短裙、短裤、礼服裙，使得小S显得性感高挑，加上自己的麻辣风格，让别人对她过目不忘。

只有自信的女性才清楚什么款式的服饰最能衬托自己的身材，哪一款太阳镜适合自己的脸形和肤色，什么样的打扮会使自己感觉舒适自如，这些穿衣方面的知识和感觉便将自己的风格顺理成章地表达了出来。

如果你属于娇小型女孩，那么最佳的穿着是朝着整洁、简明、直线条的设计。垂直线条的褶裙、直统长裤、从头到脚穿同色系列或素色的衣服、合身的夹克，都会使娇小型的女孩显得轻松自然。大型印花布料、厚布料、太多的色彩、松垮垮的衣服、大荷叶边、紧身裤等，女孩尽量都应避免。

总之，女人的漂亮不在于其外表，而在于其自信和穿出属于自己的风格。女孩，作为一名现代女性，你应该穿出自己的品位和风格。选择适合自己的服饰，把学会穿衣打扮、塑造迷人的外表形象，当作人生中一件重要的事情来做。

并不是名牌加身才高贵

名牌加身并不等于高贵。人高贵的是灵魂，所以想让自己变得高贵的女孩，就要从内在开始修炼，然后再辅之以得体的装扮。

很多人都会陷入这样的误区，觉得穿名牌就会显得高贵、优雅。不可否认，名牌服装的确会对一个人整体的气质有加分的效果，尤其是在重要场合，比如出席一些晚宴、颁奖礼等大型晚会，这个时候一件顶级品牌的晚装或晚礼服就能显示出一个人的高贵气质。而在一般情况下，在一般的场合，作为普通人的我们，重要的就不是名牌服装而是穿服装的那个人了。

中国人都有露富的习惯，客气点说，如果没有学识的人穿名牌，就成了一个绣花枕头或者花瓶，通俗点说就是臭显摆。但是衣服说到底还是靠人穿的，一个人如果气质很差，就算穿了名牌，人们也会认为那是假的。所以，有的人穿地摊货就像穿了名牌，而有的人却能把名牌穿出地摊货的感觉来。这就是区别，这种区别是由个人的气质和内在决定的。

2009年，孙红雷主演的《潜伏》让我们学到了在职场上生存的智慧，此外，他还参演了由吴宇森监制的都市爱情爆笑喜剧《窈窕绅士》。这部喜剧电影在2009年国庆期间上映仅一周，票房就一路走高，成为国庆档期除《建国大业》外最受影迷关注与欢迎的影片。原因何在呢？从这部爆笑爱情喜剧中，我们又学到了什么智慧呢？下面让我们先来看其中的一个电影片段：

> 孙红雷饰演农民企业家曾天高，说白了，就是一个暴发户。他对超级名模芳娜（洪小玲饰）很动心，但是鉴于自己乡巴佬的形象和举止，表达爱意时，碰了一鼻子灰。所以他就聘用与自己有业务往来的营销公司老总、香港名噪一时的名媛吴嘉倩（林熙蕾饰）来重新设计和包装自己，他想日后以“新产品”的姿态重新推出，可以重头再来追求芳娜。
>
> 吴出于业务上的关系，别无选择，只好答应。但她除了改造曾的外表外，还着手为他进行了一次“软件升级”，要同时改变他的内涵。曾为了进入所谓的高贵的上流社会，接近高高在上的公主，下决心要由内而外地修炼自己。作为常出入上流社会的吴嘉倩很清楚地懂得，高贵绝非衣服所能换来，必须同时有内涵、有学识，才能彰显出高贵的气质，才能顺利打入上流社会。所以，她按照自己的经验对曾进行了一次全面包装。先用“体罚”改正曾的陋习，强迫他戒烟；安排大学教授为他单独讲课，教他上知天文下知地理；同时还让他学习上流社会的各种嗜好，比如打高尔夫球、听意大利歌剧、看画展等。
>
> 这样，在吴的调教下，曾终于被打造得“内外兼备”、风度潇洒，而又“学识过人”了。

这只是影片的片段，但是它告诉了我们一个道理——名牌加身并不等于高贵。人高贵的是灵魂，所以想让自己变得高贵的女孩，就要从内在开始修炼，然后再辅之以得体的装扮。

下面是几种修炼高贵气质的方法，女孩可以借鉴一下：

1. 得体地打扮自己

懂得爱护自己的女生一定懂得好好地打扮自己，而且要打扮得体。因此，从头发的样式、护肤品的选用、服饰的搭配到鞋子的颜色，无一不需要细心挑选。从头到脚的细致，当然需要花很多的时间和心思，因此，要想成为气质高贵的女生就必须先成为让自己精致的女生。

2. 满满的自信和自我欣赏

大牌明星与二三流明星很大的不同之处，就在于其自信的光芒和气场不同。有“台湾第一美女”之称的林志玲，我们最容易被她感染的莫过于她自信满满的神情。这样的女人让人印象深刻，过目不忘。她得体的装扮、优雅的举止、丰富的见识，这些无一不透露出她高贵的气质和个人魅力。这种气质、这种气场绝非寥寥数日就能练就的，所以女孩，从二十几岁就开始修炼吧。

3. 充实自己

社会知识更新得越来越快，如果不及时加强“营养”，你很快就会变成一个“营养不良”、被社会淘汰的“生锈”女人。女孩，要多多摄取“营养”。摄取的方式多种多样，不只是单纯地看书、学习，也可以上网浏览信息，和人交流，欣赏一部出色的好电影，经常翻阅一些时尚杂志，学学电脑和英文。这样天长日久，你自然就变得高贵起来，能把地摊货穿成名牌，也能使你的生活变得更加丰富多彩。

心理篇

女孩，请不要看扁自己

俗话说，有什么样的心态就会有什么样的生活，倘若你的心中充满阳光，那么你所见之处必然没有黑暗与阴影。所以女孩，要想生活中多些明媚的阳光，积极乐观、正确的心态是必不可少的。当然，有时人难免会陷入低迷的状态之中，甚至使自己迷失了前进的方向，这时更需要女孩运用良好的心态去克服这些负面因素，多看到自己优秀的一面，看到自己的长处，而不是把自己看扁。只有充分地自信，瞧得起自己，才能博得他人的欣赏。

你是你自己的佛

成功的人更是把自己内心的佛拜到极致，他们懂得自己才是自己的佛，佛助自助者、自救者。所以，求人不如求己，自己都不救自己、不相信自己，还能指望谁来救你呢？

伞度观音、观音拜自己的故事，女孩们想必不会陌生。但是，读过这两个故事，女孩们是否会对自己的人生有新的感悟和启示呢？

一位落魄书生在屋檐下避雨，他看见观音正撑伞走过，就对观音说："大慈大悲的观世音菩萨，您普度众生，就带我一段路吧！"观音看了一眼在屋檐下避雨的书生，说："你在雨淋不着的屋檐下，你不需要我度，有屋檐在度你。"那人听后，马上走进雨里。观音说："我有伞，所以其实是伞在度我，你要想有人度，找我没用，请自找伞去。"说完便走了。

第二天，这书生遇到难事，就去观音庙里拜观音。谁知道，刚踏进庙里，就被眼前的景象惊住了。他看见一形似观音的人正在拜观音，等走近那人细看，才看清那人正是观音自己。他大惑不解，就问观音，观音说："我也经常遇到难事，但我知道，求人不如求己。因为这世间真正能度你的人，就是你自己。”

无独有偶，临济和尚的故事也发人深省：

一日，临济和尚去拜访他的师父。他向师父请教怎样才能成佛，谁知此问一出，就挨了师父狠狠一记耳光。临济非常吃惊，就问师父：“我问错什么了吗？”

师父说：“你问了一个最错误、最愚蠢的问题，要是再问的话，我会更加重重地打你。你本来就是一个佛，而你却问怎么成佛？”

临济和尚久久揣摩师父的话，终于开悟了。后来他成为临济大师，开创了禅宗史上最为卓绝、门风兴隆的临济宗，成为临济宗的开山老祖。

我们每个人都是自己的佛，把自己的喜怒哀乐和成败寄托在别人身上，就如同求别人的佛。弃自己心中的佛不用却苦苦祈求身外之佛，这是何苦呢？我们虽然没有天天诵经修行，日日参禅打坐悟道，但是人都有佛心、佛性，自己心中的佛会度自己，会把自己领进一个光明的世界，并最终走向成功！

成功的人更是把自己内心的佛拜到极致，他们懂得自己才是自己的佛，佛助自助者、自救者。所以，求人不如求己，自己都不救自己、不相信自己，还能指望谁来救你呢？

下面的故事同样富含人生的哲理：

一位饥肠辘辘的中国留学生来到美国曼哈顿，在一间餐馆坐下。他坐在餐桌前等待侍者前来为他提供点菜服务，但是他等了许久，也没有等到侍者。一位打扮时髦的年轻女子端着一盘热气腾腾的食物坐到了他的对面，他很不解，就问这位年轻女子，这位年轻女子告诉他："这是一家自助餐厅。"他这才恍然大悟，终于在吧台的一角发现了排队夹菜的人群。

其实，人生就是一顿自助餐。如果只是一味地等着别人把菜夹给你，你将永远无法取得成功，必须自己站起身来去取菜。

自助，意味着你要靠自己，要主动出击，寻找机会。成功固然需要机遇，但是幸运女神不会垂青守株待兔的人、懦弱的人、消极的人。

女孩的自动提款机不是男人，而是自己

平凡、普通的女孩嫁入豪门的机会是很渺小的，即便嫁给了有钱人，女孩也应该有自己的事情做，体现出自己的人生价值。否则，什么事都依靠男人，当男人是挣钱机器，那样不仅对男人不公平，女孩同时也失去了自己独立的人格。

一部电影里有这样一个场景：男人和女人一起用火柴摆了一个男人和一个女人的图形，女人问男人："为什么摆出的男人肩膀宽，而女人的肩

膀窄呢？”男人说：“男人是用来承担责任的，而女人通常都比较弱小，是需要依靠的。”

相信哪个女孩看了这个情节都会深受感动，也加深了对男性的依赖心理。尤其在传统观念的影响下，就会理所当然地认为男人天生就是女人的自动提款机，男人天生就承担着物质上给予、买房买车的责任。其实，男人确实承担着为所爱的人遮雨挡风、让自己心爱的人幸福的责任，但是，现代人的物质需求越来越高，生活压力也越来越大，仅靠男人一个人的力量是远远不够的。平凡、普通的女孩嫁入豪门的机会是很渺小的，即便嫁给了有钱人，女孩也应该有自己的事情做，体现出自己的人生价值。否则，什么事都依靠男人，当男人是挣钱机器，那样不仅对男人不公平，女孩同时也失去了自己独立的人格。

虽然每个人的能力有大小之分，但当今社会女人与男人同样都接受高等教育，同样都参加工作……已经没有了以前男尊女卑的封建思想。现代社会倡导男女平等，既然要男女平等，那么女孩就要走出传统女人“要人养”的误区，走经济独立的道路。要知道，女孩的自动提款机不是男人，而是自己。如今，经济独立，已经成了衡量女孩是否是现代女性的一项重要标准。

阿橙是位独立的新时代女性，无论是恋爱时还是结婚后，她都没有放弃自己的事业，也没有把男友（也是日后的老公）当成理所当然的自动提款机。

谈恋爱时，在男友的执意坚持下，男友付钱次数多，但是阿橙也会抢着付钱，因为她喜欢自己承担的自信感觉。婚后，虽然老公能挣钱，也多次劝她回归家庭，做个专职家庭主妇，他愿意做她的自动提款机，但是每次都被阿橙笑着婉拒了。因为她从来都没想过要靠别人养，哪怕是自己的老公。她对老公说：“自己挣一百万和别人给一百万，那种感觉是完全不一样的。喝别人现成买来的橙汁，不如喝自己给自己买来的心里舒服。”所以，阿橙无论婚前还是婚后都一直坚持自己为自己买单。无论是去大商场购物，还是去美容健身，阿橙都花自己的钱。看着同行的姐妹们神气地刷着男友或者老公的卡，阿橙心里一点儿嫉妒的心理都没有。

因为她心里清楚，自己的自动提款机只能是自己。当与男人关系好的时候，说什么、做什么都没关系；但是一旦依赖成性，一旦某天失去男人或成为男人的附庸，那女人就什么都没有了。所以，自己做自己的提款机有百利而无一弊。自己想干什么就干什么，想买什么就买什么，完全不用看男人的脸色行事。即使有了分歧，说话也是柔中带刚、理直气壮的，完全没有必要委屈自己。退一步讲，哪怕老公有了外遇，她也不怕。

总之，她的论点是：“女人只有花自己的钱，才能随心所欲、自在舒坦；花别人的钱，总感觉被人家买去了什么似的，让自己不自在。我这样也不是不信任老公，而是这样子更能赢得男人的尊重和欣赏。每个男人心里都有数，他知道什么样的女人是好女人，他不会娶一个一无所长、只依靠自己、把自己当挣钱机器的女人。再说，女人自己有钱、能挣钱，那是有主见、有思想的表现，而有主见、有思想的女人是不会整天缠着男人不放的。这就让男人有自由的空间做他想做的事情，而你也有空间和时间做自己想做的事情。这样反倒是他会不放心你，怕别的男人喜欢你，反而变成他成天缠着你了。”

像阿橙这样的女人无疑是自立的、聪明的、睿智的，也是过得非常舒心的女人。她谁都不依靠，不把男人当自己的提款机，而只依靠自己，这样反而能让自己更快乐地享受生活。女孩们，要相信自己的能力，要善用自己年轻的优势。越早有财富梦想，越早开始追求经济独立，越早有不依靠男人的意识，就越能在人生道路上不迷失自己。那么，就从现在开始，走自己的财富人生道路吧！

自信是女孩最大的资本

自信是人的一种本能，天下间没有一种力量可以和它相提并论。自信使我们能够觉察到自己的能力，不因别人的贬损而打折，它是自己遇强则强的武器，它神奇的力量能够打开已经关闭的命运之门。

一座偏僻的山上有一棵苹果树，它很自卑，因为它长年累月孤单地矗立在这里，没人关心它、在意它。它很失落，不知道自己活着的价值，于是它开始自毁，不再从大地汲取养分。长此下去，苹果树很快要枯萎了。

有一天，一位游客在苹果树下休息，他远道而来，所带的食物已经吃光了。他环顾四周，发现只有干瘪的苹果还可以充饥，于是，他就摘了一个苹果吃。临走时，他还带走了好几个苹果。

苹果树大受鼓舞，觉得游客一连摘了很多苹果，想必自己的果实很甜美可口。想到这里，自信就飞上了它的眉梢。它开始拼命从大地母亲的怀里汲取养分，不仅自己的果实变得个个红润，连日渐枯萎的苹果树也开始生机勃发。

后来这座大山被政府开发，苹果树下聚满了来自四面八方的游客。有的人在苹果树下躲避太阳，有的人在树下休息，还有的人搂着苹果树的树干照相。这让苹果树心里美滋滋的，越发变得生机勃勃起来。

苹果树自卑的根源是什么？就是因为它觉得自己像棵无人注意的小草，所以它才开始自毁。那么它自信的原因又是什么呢？因为它觉得自己受到了别人的关注，开始改变自己，开始积极汲取养分。通过这个故事，女孩们能认识到自信的力量。

其实，一般女孩都会遇到类似苹果树这样的困惑而变得不自信，不爱打理自己，颓废、放任自流。事实上，无论何时何地都让自己漂亮自信的女孩，才是有魅力的女孩，才是有气质的女孩。试想，如果苹果树不妄自菲薄、一心一意从大地母亲那里汲取养料，那么它健壮的树枝、树干和红艳艳的果实，不也是一道美丽的风景吗？如果自己是枝繁叶茂、硕果累累的大树，怎么可能吸引不来别人呢？

有了自信，才能拥有乐观清明的大脑，才能看清自己的优势，扬长避短。

自信是人的一种本能，天下间没有一种力量可以和它相提并论。自信使我们能够觉察到自己的能力，不因别人的贬损而打折，它是自己遇强则强的武器，它神奇的力量能够打开已经关闭的命运之门。坚持自己的理念、有信心依照计划行事的人，比一遇到挫折就放弃的人更容易成功。

惠特尼·休斯顿是美国唯一一位拥有连续七首全美冠军单曲、超过400座音乐大奖、史上最畅销电影原声带等世界纪录的超级天后，但是年少时的休斯顿却很自卑。

17岁之前，惠特尼·休斯顿一直都是和母亲一起同台献唱的。在休斯顿17岁那年，有一次与母亲合唱前，她突然接到母亲的电话。电话中母亲的声音是嘶哑的，母亲艰难地说她的嗓子坏了，不能唱了，让她一个人上台唱。在母亲羽翼下长大的休斯顿从来没有经历过独唱，所以她很惊慌、很着急，不相信自己一个人能唱好。然而，电话那端的母亲却很相信她，她很自信地说："有自信的妈妈，就有自信的女儿。女儿，你完全能够一个人唱，因为你很棒！"

母亲的话如同点金棒一样点醒了自卑的休斯顿，她开始相信自己一个人能唱好。于是她第一次独自走上了舞台，结果是，休斯顿因此一唱而成了美国的王牌歌手。

所以女孩，即便没有人为自己加油，没有人鼓励自己，但是别忘了，你还有一个后盾，那就是你自己。只有自己善待自己、珍爱自己、相信自己，你的生活才会真正向好的方向发展。如果别人对你翻一个白眼，你就对自己翻N个白眼，那么谁能看得起这样的人呢？

保鲜那颗不安于现状的"野心"

一些富翁和成功人士也毫不避讳地坦言：野心是永恒的特效药，是所有奇迹的萌发点。某些人之所以贫穷，大多是因为他们有一种无可救药的弱点，即缺乏野心。

法国有位很穷的年轻人，经过10年的艰苦奋斗，终于成为媒体大亨，跻身于法国50名大富翁之列。他去世后，将自己的遗嘱刊登在当地报纸上，说："我曾是一个穷人，去世时却是以一个富人的身份走进天堂的。在跨入天堂的门槛之前，我不想把我成为富人的秘诀带走。谁若能回答'穷人最缺少的是什么'这个问题而猜中我的秘诀，他将能得到我100万法郎的奖赏。"

有两万多人争先恐后地寄来了自己的答案。

答案五花八门：有些人认为，穷人最缺少的是金钱。穷人还能缺少什么？当然是钱了，有了钱，就不再是穷人了。还有一部分人认为，穷人最缺少的是机会。因为没遇到好时机，股票疯涨前没有买进，股票疯涨后没有抛出，总之，穷人都穷在背运上。另一部分人认为，穷人最缺少的是技能。现在能迅速致富的都是有一技之长的人，穷人都是一无所长的人。还有的人认为，穷人最缺少的是帮助和关爱。每个党派在上台前，都曾给失业者大量的许诺，然而上台后真正关爱他们的又有几个？还有的人认为，穷人最缺少的是漂亮的容貌、总统的地位等等。

一年后，他的律师公开了答案。答案是：穷人最缺少的，是成为富人的野心！只有一个年仅9岁的小女孩猜对了答案。原因是，她的姐姐经常告诉她姐夫要想有成就，就得有野心。所以在她幼小的心里，她一直认为，野心可以让人得到自己想得到的东西。

一些富翁和成功人士也毫不避讳地坦言：野心是永恒的特效药，是所有奇迹的萌发点。某些人之所以贫穷，大多是因为他们有一种无可救药的弱点，即缺乏野心。所以，想成功的女孩，想有一番作为、不甘于贫穷的女孩就要拥有一颗“野心”并时时保鲜它，才能放开胆子、放手一搏，说不定明天就能迎来艳阳天！

有人会说，“野心”似乎是个贬义词，多形容“大奸大恶之人”，“雄心”才是褒义词。其实在英语的表达中，野心也好，雄心也罢，都统一为一个单词ambition，也就表示在外国人眼中，野心与雄心同义，两者无异，都是表达人的一种积极进取的强烈愿望。而在现实生活中，绝大多数人既与“大奸”沾不上边，也与“大善”绝缘，大家都是尘世间平平常常的小人物。说到底，雄心、野心都一样，所以做“野心勃勃”的女人，也是新时代女性的表现。

打工女皇吴士宏可谓是商界的一位传奇人物，她的职业生涯史就向我们证实了“没有野心终不能成大事”的道理。

吴士宏当初是北京椿树医院的一名小护士，后来她生了一场大病。这场大病使当时年仅22岁的吴士宏开始反思自己的人生：

“身体好了之后，我还要像原来那样活吗？”答案是她不愿意象以前那样平凡地活下去了。所以病好后，她就开始了自学生涯，买了一台收音机，花了一年半时间学完了《许国璋英语》三年的课程，并通过了高等教育自学英语考试。

接着，她一直等候的机遇来了。通过两轮笔试和一轮口试后，她顺利进入了IBM公司，成为这家世界著名企业里的一名最普通的员工。最初在IBM工作的日子里，她做的是一个卑微角色的工作，堪称勤杂工。沏茶倒水、打扫卫生，连触摸心目中高科技象征的传真机都是一种奢望，但她还是为身处这个既有职业安全感又能解决温饱的知名企业而感到宽慰。但是，紧接着发生的两件事彻底改变了她安于现状的思想。

有一次，吴士宏推着平板车买办公用品回来，被门卫拦在了大楼门口，故意要检查她的外企工作证。吴士宏没有证件，于是

僵持在了门口；而那些进进出出、与自己年龄相仿、身着职业装的白领们先后进入了公司的大门，根本没有出示工作证。她的内心充满了屈辱，看看自己寒酸的衣着和手中推着的脏兮兮的平板车，再看看那些衣着华丽、气质不凡的白领们，她的心被深深地刺痛了。从那刻开始，她暗暗发誓："这种日子不会久的，我绝不允许别人把我拦在任何门外！"

此后，她开始利用一切机会充实自己。她早早就来到公司，分秒必争，将别人随随便便丢掉的时间都花在了学习和工作上。

还有一件事重创了她，她被一位资格很老的香港女职员诬蔑为"偷喝她咖啡的人"，这件事让她气愤地浑身战栗。她当时就告诉自己："有朝一日，我要有能力去管理公司里的任何人，无论是外国人还是香港人。"

很快，她在同一批聘用者中就脱颖而出了。她终于告别勤杂工，第一个做了业务代表。以后她历任大客户销售代表、销售经理、IBM华南分公司总经理，直到成为这家跨国公司中国区总经理！后来，她又升任微软中国公司的总经理。

吴士宏学历并不高，只有自考专科文凭，但她却从一个贫穷而卑微的勤杂工做到了IBM和微软公司在中国区的总经理。试想，如果当初吴士宏没有改变命运的决心，没有成为富人的野心，或许她一辈子都只是小护士、勤杂工了！

野心，能铸就一个人人生的辉煌！有了成功的野心，有了成为富人的野心，就能克服所有的自卑，激发出你的全部潜能，就能向成功一步一步迈进了。女孩，你依赖他人，就是因为你没有野心！做个"野心勃勃"的女人吧，这样你的生活才会过得风生水起，有滋有味。

冒险是生命的唯一养料

英国经济学家斯通说过："生命是一个奥秘，它的价值在于探索，因而，生命的唯一养料就是冒险。"女孩，勇敢地冒险，尝试去做自己平时不敢做的事情吧，这样你的人生想不精彩都难。

从前，有一位富翁在出门远行前，把自己的三个仆人叫到了身边。他根据他们每个人的能力，给了第一个仆人10两银子，第二个仆人5两银子，第三个仆人2两银子。

过了一段时间，富翁远行归来，他要检查三个仆人的成绩。第一个仆人，也就是拿到10两银子的仆人带着另外10两银子回来了。仆人说，他用这10两银子租了个门面做服装生意，这段时间，扣除所有开销，总共赚了10两银子。富翁听后大喜，说："做得很好，你是一个对很多事情都充满自信的人。你的生意不要停，你可以离开我家了，另外我还要奖赏你一些银子。"

第二个仆人也回来了，他拿着另外5两银子。他说，他摆了个地摊修鞋子。富翁也是大喜，说："做得好，你是一个对某些事情充满自信的人。你也可以离开我家去做自己的生意了，快去领赏吧。"

最后，第三个仆人带着他拿走的那2两银子回来了，他诚惶诚恐地说：“主人，我知道你给我银子的意思，你是想让我成为一个强人，赚更多的钱，但是我很害怕把这些钱弄丢了，于是我把钱埋在了地下。”富翁听后，感到很失望，就无奈地说：“你真是一个没出息的家伙，既懒惰又不敢冒半点风险，你把我的钱存到银行里，还可以拿点儿利息。你真是活该做一辈子仆人！”

现实生活中，很多女孩都是感性的。她们追求安逸的生活，过于追求所谓的安全感，而让自己处于前怕狼后怕虎的境地，畏首畏尾，导致一生都无所作为。

比利时的一家杂志，曾对全国60岁以上的老人做了一次问卷调查。题目是“最令你后悔的事是什么？”并列出了十几项生活中容易后悔的事情，供被调查者选择。在众多选项中，大多数人都选择了“如果年轻的时候能够再冒点儿险就好了。”

有的女孩觉得自己还年轻，而青春就是自己的最大资本，所以把时间都用在看起来并没有多大意义的事情上。有的女孩总以为有无尽的岁月可以挥霍，不担心来不及冒险，于是就在琐碎的忙碌中结束了青春时光。当青春不再时，才感叹自己单调乏味的生活，希望青春可以重来，但那个时候再后悔已经为时晚矣。人无千日好，花无百日红，早时不算计，过后一场空。这虽是古人的诗句，但对今天的女孩仍有着深刻的借鉴意义。所以，年轻的女孩，如果不想继续过单调乏味的生活，那就为自己插上一双崭新的翅膀，向着心之所想的地方尽情飞翔吧。英国经济学家斯通说过：“生命是一个奥秘，它的价值在于探索，因而，生命的唯一养料就是冒险。”女孩，勇敢地冒险，尝试去做自己平时不敢做的事情吧，这样你的人生想不精彩都难。因为，人生就是一场冒险。事实上，畏惧冒险比尝试冒险更可怕、更让人无助。

下面介绍几种小尝试，女孩可以对号入座，然后做出自己的选择。

1. 坐在第一排

坐在第一排，会让自己更醒目，很多女孩甚至是男孩也望“第一排”而却步。其实，怕什么呢？坐在第一排，不仅听课听得清楚，也能受到老师的监督和鞭策，对一个人的成才大有裨益，何乐而不为呢？在公司开会时，不妨坐在第一排，让高层都认识你。要敢于发言，亮出自己的真知灼见，这就是职场上的“自我展示”。这样别人才看得起你，你才能为自己赢得更多的机会和发展空间。相信每一个人都不愿平庸地活下去，都希望自己的生活里会发生点什么，那么就听从自己内心的声音，硬着头皮去“冒险”吧，你绝对会得到意想不到的收获。

2. 尝试做点冒险、刺激、新奇的事情

比如：去游乐园，挑战一下自己的身体极限，旱鸭子的女孩不妨去学学游泳、海上冲浪。记住，我们要的不是结果，而是勇敢挑战自己的过程。哪怕结果是我们没有学会这些项目，但至少这对未尝试之前的自己来说，你已经挑战成功了，这是一个丰富自我身心的挑战。女孩独自去旅游，安全是个问题，但是也有很多个性十足、比较独立的女孩就是喜欢一个人去旅游。她们独自买地图，独自订下榻的酒店，独自与黑车司机讨价还价，这样的举动听起来都让人心潮澎湃。

新奇的事情包括换一个新发型、穿自己想穿而不敢穿的风格的衣服，或者学学跳舞等。也许最初你会感到不适应，但是这些改变会给你的生活带来生气和活力。那种感觉，只有经历过的人才会知道。

3. 自己中意的“白马王子”，大胆追求也无妨

很多新时代女性都是个性十足的女孩，她们有个性、有主见，她们面对自己中意的人不是等待，而是主动出击。因为她们知道，向对方表白是

对得起自己的内心、是勇敢的表现。如果碍于面子和自尊，或者因为担心以后会被看轻、不敢表白而错过的话，会让自己遗憾终身的。所以，敢于冒险的女孩，在情场上也是勇敢的女孩，她们敢爱敢追，她们豁达睿智，而这些不按常理出牌的女孩往往更能赢得男生的爱。

4. 敢于离开一份自己不喜欢或不能发挥所长的工作

大部分女孩都喜欢压力不是很大的、相对安逸的生活，所以很多女孩选择做公务员或者当老师。尽管很多女孩并不适合走仕途之路，或者不能安于老师的平淡生活，但是也会被每月固定的收入、各色健全的保险等所吸引，这些女孩的一辈子其实在25岁时就已经定型。

也有很多女孩虽然在私企或者外企上班，可是工作几年下来，已经走不出安逸的生活了，也找不回最初干劲十足的自己了，也许连最初的梦想也不记得了。她们刚开始工作时，也许只是为了生计，为了养家糊口，没有过多考虑发展前途，只是斗志昂扬地工作着。等工作各方面都上手后，每天重复着相同的、含金量不高的工作，与同事喝着茶天南地北地闲聊，浏览着娱乐八卦新闻，工资比上不足比下有余，尽管她们也有不满的时候，但还是不愿放弃这如鸡肋般的工作。因为她们已经开始害怕新环境和新的人际关系了，她们的激情、意志和奋斗的野心在不知不觉中已被工作所扼杀，被消磨殆尽了。所以，她们的结局往往是平庸无奇的。

很多聪明的女孩也知道这是普通女孩的路，但依然甘愿自毁，也不愿“冒险”。可是女孩，请记住，人们常常后悔的是人生中没有尝试过的事情，而不是做过的事情。如果自己冷静面对、去努力尝试的话，最终会战胜一切，取得胜利。事后，你自己都会不解：“为什么一开始我会那么胆怯？”美国有句格言说得好：恐惧在敲门，我开门一看，门外空无一人。所以，勇敢的女孩，请迈出冒险的第一步吧，精彩的人生正等着你呢！

你不一定要很强，但一定要做强者

真正的强者，从不惧怕生活的风云，在感情上失恋不失志，在工作上越挫越勇。他会不时地掉转自己的船头，寻找到能发挥自己优势的舞台，寻找自己爱的港湾，这才是真正的强者！

当今社会为新时代女性的成长开创了有史以来最为宽松的环境，在这种环境下，女孩从小可以与男孩接受一样的教育，社会也为女孩打开了事业发展的大门。无论从事业发展方面，还是从在家中的地位方面来说，现在各种环境都对女孩越来越有利，她们也变得越来越优秀。但是，女孩千万不要因为自己的优秀就变得很强势，失去了女孩本来的样子。这样，无论是在工作中还是在家庭中，你都不会成为受欢迎的人。

大乔是个上手很快的文案策划专员，来公司短短一年就被老板提拔为店面经理。她一头短发、经典的白衬衣配着黑色短裙的装扮，给老板和同事们留下了精明、干练的印象。但是这个女孩人缘并不好，女同事不喜欢她，男同事也不待见她。原来，这个外形娇小的南方女孩性格很好强，说话语速快，对其他人的方案，她扫到一处瑕疵就会将其枪毙掉，有什么重力气活，比如搬电脑之类的，她也要亲力亲为，唯恐别人说自己依赖他人。这样太好强的女孩，大家对她自然没有什么好感了。

在家中的大乔是什么样子呢?

大乔有一个深爱她的老公，夫妻俩都有自己喜欢的事业。老公经常在人前人后夸奖她，说自己何德何能娶了个这么能干的妻子。这在事业心很强的大乔看来，是很自豪、很骄傲的事情。她坚信自己的丈夫爱自己，就像夸奖自己一样坚定。然而好景不长，像电视剧里的俗套故事一样，大乔发现了老公眼神里的异常，也发现了老公手机里的暧昧短信。在大乔的逼问下，老公和盘托出。老公说："在这个家里，你觉得我还是男人吗？我不知道我的位置在哪里？你很优秀，我也为自己有个这么优秀的老婆

而感到高兴。但是慢慢地，我发觉，我要的不是这样的老婆。那个女人很需要我，在她面前，我才觉得自己是男人。而你，就算我离开了你，你也能生活得很好。”

大乔深受打击，感觉天仿佛塌了下来，久久不能从失败的婚姻中解脱出来，工作也干着无味了，开始工作效率低下，直至自己主动辞职。她开始向自己的父母和不常联系的姐妹抱怨，整天都哭诉着，觉得上天对自己太不公平了。大乔觉得：自己几乎包揽了所有的家务，上得了厅堂，下得了厨房，写得了代码，还不需要男人养。自己哪里做错了，怎么就敌不过小三呢？

为什么大乔在工作中和生活中如此尽力，却没能得到相应的回报呢？原因就出在一个“强”字上。

在职场中，就算自己很优秀、很聪明，也并不一定非要表现出来。只有适当示弱，才能化解别人对你的嫉妒和误会，赢得好人缘。在家庭中，无论社会怎么变化，男人都有一种传统的心理，都希望自己的爱人像个女人，有女人味。所以，女孩要扮演好小鸟依人的娇妻，这才是婚姻稳固的精神根本。

像大乔这样外强内弱的女人，她要做的是改变自己。让自己走出困境的唯一方法，就是做个生活的强者。事已至此，放开自己手的男人已经追不回来了，所以就微笑着说“再见”好了。青山在，人未老，留得青山在，不怕没柴烧，有过一次失败的婚姻并不预示着自己的婚姻就一直失败。真正的强者，从不惧怕生活的风云，在感情上失恋不失志，在工作上越挫越勇。他会不时地掉转自己的船头，寻找到能发挥自己优势的舞台，寻找自己爱的港湾，这才是真正的强者！女孩，你不一定要很强，但是任何时候，都要做强者。

做笑容满面的快乐女孩

快乐很容易感染人，也很容易相互传染。当你静静地笑着，你的快乐就会随着你的微笑传播到很远。把快乐斟满自己的杯子，让自己有足够强大的内心。那么，未来的道路上，还有什么波折不能坦然面对呢？

二十几岁的女孩，一定要做一个笑容满面的快乐女孩。如果一个女孩常常笑容满面，将快乐传递给周围的人，那她无疑是美丽的。也正如古龙所说："爱笑的女人，将来的命运都不会太坏。"但是对初出校门的女孩来说，也许你正在为找工作、谋生而发愁；也许你好不容易找到了工作，又遭遇职场潜规则，勾心斗角，相互倾轧，你适应不了这个危机四伏的社会；即使已经工作多年，你也还是会被各种各样的问题所困扰；你的感情生活也充满波折……所以，作为一个社会人，或者正在向社会人转变的校园人，你会笑不出来，可能还整天紧绷着脸，好像每天都承受着生活和身处职场的千钧压力。自己都不快乐，何谈把快乐带给别人呢？

其实，快乐与否在于自己的选择。不开心是一天，开心也是一天，为什么不选择开心地过每一天呢？你忧伤一分钟，就丧失了60秒的快乐。选择乌云密布、暗无天日的情绪，对你的工作与生活又能有多少积极的影响呢？可能结果是抑郁成疾，滋生心理和生理上的疾病，到时候自己就亏大了。女孩，想办法让自己快乐起来吧！在现代社会，快乐和幸福是一种能力，也是一种竞争力。试想，同事面对一个整天笑容满面的女孩与一个愁容满面的女孩，他们会喜欢哪个呢？整日愁容满面，也许你的老板还会认为你对公司和他本人不满呢！所以女孩，无论从自身身体健康，还是从职场运程上来说，你都应该尽量让自己做一个乐观向上的人。

莎士比亚曾对人生的处境与快乐的关系，做过一个经典的比喻。他说："我们每个人的身心都是一个园圃，而我们的意志就是这个园圃的园丁。不论我们是种植奇花异草或单独培植一种树木，还是任其荒芜，选择权都在于我们自己。一切都在我们个人的主观意志之中，我们可以让自己的生活充满喜悦，也可以让自己的生活丰富多彩。境由心造，不论我们处于何种境地，我们都可以把它当作自己的福地。成功的时候，尽情地享受成功；逆境的时候，为未来的希望而快乐。"

女孩，很多事情是我们无法改变的，生活中林林总总不开心的事情既然已经发生了，那么唯一能改变的就是我们看待问题的视角，对待生活的态度。也许对感性的女孩来说，悲伤的事情实在太多了：不是被领导批评，就是被同事破坏暗算；不是相恋多年的男友"劈腿"，就是与父母发生了争吵。于是整天愁容满面，凄凄惨惨戚戚。那么女孩，看看心理学家为我们开的这些快乐药方吧，相信你坚持做下去，定能让自己快乐起来。

1. 每天晚上想三件当天发生的高兴事，并分析其发生的原因。每天晚上一定要自觉地这样做，绝对会有立竿见影的效果。因为这样的举动会使你更关注白天发生的愉快的事，同时会使你忘记每天发生的不愉快的事。可以说给身边的人听，也可以写到自己的博客里。这个每天找三件高兴事的习惯一旦养成，就会影响你的思维方式，从而决定你的性格。

2. 每周都要找出五个自己最突出的能力，比如富有幽默感、积极性很高、有一定的美感、有强烈的好奇心和求知欲等，然后在下一周的每一天里运用一项或多项能力。这个秘方旨在让人们看到自身的实力所在，慢慢克服自己的自卑和胆怯，这样就很容易产生自我满足、自信、积极向上的感觉。

3. 尽量让自己做个有生活情趣的人。女孩，富有生活情趣也是爱自己的表现，平时可以泡个芳香的热水澡，也可以犒赏自己一顿美餐。

4. 随时随地写下自己想要记住的事，这样可以使生活更符合我们的需要。

5. 刻意给自己一个笑容，你体内的横膈肌会将假笑引发成真笑。

这些快乐的小秘方都是心理学家经过多年做无数次试验取得的研究成果，所以女孩，当你不高兴、沮丧时，不妨照着做几个，相信长期坚持下去，你会变得阳光灿烂起来。

快乐很容易感染人，也很容易相互传染。当你静静地笑着，你的快乐就会随着你的微笑传播到很远。无声无息中，你的快乐就悄悄地进入了人们的心田，他们会在不知不觉中被你感染。于是他们就与你一起笑、一起快乐、一起自信、一起乐观、一起成功。

把快乐斟满自己的杯子，让自己有足够强大的内心。那么，未来的道路上，还有什么波折不能坦然面对呢?

人生随时可以卷土重来

人生路上发生任何事情都不重要，重要的是你如何看待它。因为人生真正深刻的意义，来自单纯的心和更广阔的心胸。

人生一世，会经过许多路口，但是，最重要的就是走好关键的那几个路口。二十几岁是每个女孩人生中一个重要的转折点。对二十几岁在各方面都还略显幼稚和单纯的女孩来说，因为没有多少阅历，没有经过多少人情世故，没有多少工作经验和恋爱经验，所以无论是在职场上还是在情场上，都容易受伤，容易被拒绝或者被淘汰。这个时候，亲爱的女孩，一定不要过于沮丧，不要怀疑自己的能力、怀疑美好的生活、怀疑甜美的爱情、怀疑灿烂的人生。人生就是这样跌宕起伏的，一帆风顺的生活那不叫人生。永远记住那句英国谚语：人生任何时候，当所有的门都对你关闭的时候，老天还为你留着一扇窗户。

人的一生难免遭受挫折和打击，你不必为此感到屈辱不堪、耿耿于怀，甚至一蹶不振。天无绝人之路，车到山前必有路。只要你不放弃自己，不断努力，保持积极乐观的心态，你的生活中肯定会出现“柳暗花明又一村”的新景象。

其实，塞翁失马，焉知非福？职场中被拒绝未必是一件坏事，许多人正是由于被解雇才使自己获得了更大的发展空间。

金妍毕业于重点院校，在校时学习成绩一直名列前茅，所以一毕业就凭着自己骄人的成绩进入了一家大型广告公司做企划。当金妍脱离了学校的围墙、想在自己喜欢的工作上大显身手时，却被人事部门告知公司与她的合同不再续签了。从小就是老师和父母眼中的骄傲的金妍怎么也想不通自己究竟犯了什么错，她难以接受自己失业的现实。

金妍开始了一段灰暗的日子，不仅变得自卑、不再相信自己的能力，对其他很多事情也没有多大的兴趣。她整天把自己锁在小屋里，不是玩游戏，就是睡大觉，试图忘掉失业的烦恼。姐妹们约她去逛街，让她去外面走走，她都懒得动。她觉得自己不敢出门，因为每当看到忙碌的人们，她都会觉得自己很没用，这样她的脾气也越来越大，情况似乎越来越糟糕。

就在这时，金妍的转机出现了。两个月后，她的一位出版社的朋友问她是否愿意尝试做图书的媒介宣传工作。因为这个媒介宣传与广告公司的企划有几分相似，都有宣传的工作在内，金妍是重点学校本科毕业，专业也是中文，所以好友觉得金妍的条件完全可以胜任媒介宣传的工作。金妍也觉得做宣传是自己所擅长的，虽然她对图书行业不熟悉，但是好像重新找到了自己的方向。

有了新工作的金妍头脑清醒了许多，她不仅虚心向出版界的前辈请教怎么宣传图书、怎么与媒体打交道，还反思了自己在广告公司败北的原因，得出结论是自己太不会做人了。有过第一份工作的教训，在出版社金妍慢慢学会为人处事了。三年后，媒介经理跳槽，金妍顺利坐上了媒介经理的宝座。当她再回想自己那段天昏地暗的日子时，总觉得自己很荒唐，白白浪费了60天的宝贵时间。

人生路上发生任何事情都不重要，重要的是你如何看待它。记得有句名言是这样说的：世界上没有失败，只有暂时不成功。一个人不能被打败，除非他自己放弃。失意迷茫时，唯有保持清醒的头脑，不放弃努力，大力发扬吃苦耐劳的传统精神，才能让自己东山再起，卷土重来。因为人生真正深刻的意义，来自单纯的心和更广阔的心胸。

洛施在一家电脑配件公司一干就是五年，她在这里度过了自己的青春，从一个青涩的、什么都不懂的大学生发展为公司的副总，可以想象她在公司的付出和地位得来的不易。在这五年里，公司也由一个名不见经传的小公司发展成同行业中的佼佼者。

但是在洛施兢兢业业拼命工作的同时，她敏锐地发现老板变了，变得不思进取、“牛”气十足了，对自己渐渐地开始不信任了，他的许多做法都让人难以理解。慢慢地，洛施的工作也开始有了或明或暗的阻碍，再也找不到昔日干事业的感觉。

很明显，老板也看不惯洛施的工作和表现了，觉得洛施的举动使公司的工作进展不顺利，有点儿碍手碍脚。不久，老板就借故把洛施解雇了。

从自己服务多年的公司走出来后，洛施脸上浮出了压抑已久的笑容。她并没有觉得自己多么无用，更没有气馁，她觉得解聘自己是公司的损失，她对自己的工作能力充满了信心。

不久，洛施就凭借多年的工作经验，应聘到一家中型电脑公司做业务经理。她不仅得到了公司老总的赏识，还与老总成了工

作之余的朋友。老总不仅约她一起游泳、打保龄球，还带她参加一些商务酒会，洛施的人脉圈就此打开了。三年后，洛施成立了自己的电脑配件公司。

可见，被拒绝、被淘汰并不总是一件坏事，只要你能积极面对、正确看待，就一定可以凭借自己的努力，找到更适合自己的工作，得到真正的“伯乐”的赏识。

所以，二十几岁的女孩，当工作不顺心、职场失意时，一定不要哭哭啼啼，更不要心灰意冷。记住，当生活为你关上一扇门时，上帝同时会为你打开一扇窗。

作为一名现代女性，应具有迎接挑战的心理准备。因为生活就是不断地跌倒、再不断地爬起来的过程，就像每天按时升起按时落山的太阳。你还有青春，怕什么？也许正是因为一无所有，才更应该无所畏惧，不是吗？上帝给你磨难，是因为上帝正以伟人的标准要求你，他是在以另类的方式告诉你：你未尽其才，需要寻找更适合你发展的空间。即使你的能力暂时不足，只要不轻言放弃、不自暴自弃，用心去争取，谁能说你的明天不会更好呢？

Part2 恋爱婚姻

红颜篇

不要太迷恋童话般的爱情，那只是个传说

在每个女孩的心中，都有一个若隐若现的爱情梦。那种童话般的爱情梦几乎每个女孩都做过，白马王子情结大部分女孩都有，但是当岁月在不经意间划过女孩所拥有的青春时，那个曾经做爱情梦的女孩醒了。因为她们开始渐渐懂得，真实的爱情世界里没有城堡，更没有王子，那只是一个传说。这让所有的女孩开始重新审视自己，将自己的爱情观重新定位。这样，女孩在寻找伴侣时，往往多了一份谨慎与智慧，在真爱出现时，她们能够及时抓住。

有一份相对稳定的工作，就不会被人看轻

女孩，无论什么时候，都要有份相对稳定的工作。因为工作中的女人最美丽，不仅思维清晰、敏捷，与时俱进，举手投足间都散发出自信和美丽的神采，而且谈吐也不俗。当然能跟得上身边优秀男人的步伐，也能缓解男人的压力。

经常在网络上流连的人想必都看过类似这样的情感帖子：

我出生在80后，明年就27周岁了，本科毕业后工作了两年，在一家小型私企做业务员，月收入2000元左右，没有保险，没有合同，在我们这个城市算是中低收入。去年考上了研究生，现在读研究生一年级，小时候家教很严，而且我本身也开窍比较晚，心智不是很成熟，性格内向，身边也都是女性朋友，这样导致我不太会和男生打交道。现在年纪也大了，长这么大一次恋爱也没谈过，亲戚问、父母催，我自己也着急，可是也没有什么办法。我条件也不算差，属于一般，相貌也还可以。从中学到大学，我自己也没有考虑个人问题，我归纳就是缘分没到，现在考上了研究生才觉得应该解决个人问题了。父母就打算给我安排相亲，前

阵子见了两个，见完以后就都没下文了。现在父母又给我安排相亲，和人家介绍了我的情况以后，人家连见都不愿意见我了，说我都27岁了还没有稳定工作，还是个学生，都不愿意见面。我就不明白了，80后女生想找个对象结婚就这么难吗？没有稳定工作真的是连考虑都不考虑吗？难道70、80后的男士们，你们择偶的对象真的必须要有稳定的工作吗？

这个80后女生的帖子很有代表性，它反映了当下男女择偶的物质化标准。有男人说："你们女的要求男的有房有车，男的要求女的有稳定工作不算过分吧！"

其实，现代社会竞争这么激烈，男士找另一半要找有份稳定工作的女孩也无可厚非，这是社会现实，虽然赤裸裸地说出来让女孩们有点儿难以接受。女孩们也不要说什么世风日下、男士无能之类的泄愤话，在爱情没有来敲门的时候，何不把精力用在积极充电、丰盈自己、为找一份相对稳定的工作做准备上呢？再说，爱情需要一定的物质基础，家庭的责任需要两个人共同承担，因为只有这样，将来的婚姻才能持久和幸福。女孩一定要经济独立，只有经济独立了，才会有独立的人格，才不会被男人看轻，才能赢取甜蜜的爱情和美好的婚姻。

女孩一定要有一份可以令自己安身立命的工作，不要轻信男人说的"你在家享福，我来养你"之类的话。一旦你放弃了自己的工作和事业，很可能男人"衬衣领子没洗干净，菜烧的又咸了，地没有拖干净"之类的话就扑面而来了。这样的例子生活中比比皆是，影视作品中也不乏例证。

几年前，一部电视连续剧《牵手》一炮打响，捧红了影视演员蒋雯丽。《牵手》仅18集，没有曲折离奇的故事情节，也没有恢弘浩荡的历史画卷，没有头晕目眩的灯红酒绿，也没有夺魂摄魄的刀光剑影，仅仅以平实含蓄、几乎不动声色的镜头语言展现了一对都市普通夫妻的婚姻危机，以及与他们相关几个人物的情感纠葛。但就是这似乎极其平常的人之常理，却引起了广大电视观众的关注，牵动着万千普通人的心弦，因为它击中了都市男女内心深处最脆弱的神经。故事梗概如下：

钟锐（吴若甫饰）是一家电脑公司才华横溢的优秀软件工程师，由于一心投入工作而忽略了家庭和妻子。钟妻夏晓雪（蒋雯丽饰）本是一位很有发展前途的知识女性，婚后为丈夫放弃了事业，把精力全放在了家庭和儿子丁丁身上，她希望自己的付出能得到丈夫更多的关爱和体贴。而钟锐却认为妻子越来越俗气，由于缺少沟通，两人的婚姻产生了危机。同时在工作上，钟锐与方经理对于公司的发展方向产生了重大分歧，钟难以忍受方的卑鄙，愤然辞职。工作与家庭的失意，使得钟接受了一位大学毕业后到北京寻求发展的年轻漂亮的姑娘王纯（俞飞鸿饰）的爱。在一系列的矛盾冲突后，钟锐与夏晓雪最终再次牵手。

《牵手》的结局是大团圆，但在现实生活中，夫妻两人发生了这么多矛盾和背叛，能再次牵手的已经不多了。女孩，无论什么时候，都要有份相对稳定的工作。因为工作中的女人最美丽，不仅思维清晰、敏捷，与时俱进，举手投足间都散发出自信和美丽的神采，而且谈吐也不俗。当然能跟得上身边优秀男人的步伐，也能缓解男人的压力。二十几岁的女孩，年轻时不要想不开，不要抱怨男人物质匮乏，因为从人生长远的幸福来看，有工作、有事业的女人无疑是最幸福的女人。这样的你不仅经济独立，思想也独立，这样的人生岂不潇洒和惬意？谁又能看轻你呢？

遇见好男人，也要敢于“诱惑”

女孩，如果你发现身边有这样成功的男人，他不仅宅心仁厚，而且有担当精神，能负担起生活的重任，那么就要勇敢地抓住。不然，错过了会令自己非常遗憾的。

心怡是个聪明能干、相貌端庄的女子，在一家外企工作5年了，事业上很成功，但是感情上一直处于空白。因为已经过了27周岁，家中父母很是为她着急，于是就频频托人为她介绍对象，但是都被心怡的“三高”标准——“高学历、高薪水、高身板”挡在了门外。因为不想委屈自己，她把自己拖到了快奔三的尴尬年纪。

有次她去健身房健身，发现身边一位男士不仅外形俊朗、身材一流，而且谈吐不俗，还很有绅士风度。心怡的芳心不禁震颤了一下，她向健身房管理员打探这位男士的“底细”，发现这位年纪轻轻的男士竟然是一家中型家具公司的老板，还打听到这位成功男士目前还没有女朋友，而且脾气很好。这位男士无论从软硬件哪个方面来说，都符合心怡的择偶标准，所以心怡这个小女子就开始暗暗策划“诱惑”这位成功男人的行动。在以后每次的并肩健身运动中，心怡都不动声色地主动与他聊天，一来二往双方就熟络了起来，话题自然就转移到了比较私密的感情话题上。当从这位成功男士口中听到要自己为他介绍女友时，心怡得意地笑了，这正中了她的下怀。

心怡觉得把自己贸然介绍给成功的帅哥，万一对方看不上自己怎么办？身高上也有不小的差距；对方太优秀了，喜欢他的女人肯定很多，自己是对手吗？……想到这些可能的变数，心怡就自卑起来。但是转念一想，遭到拒绝也不是什么大不了的事，至少也是自己这么多年来唯一看上眼的男人，想到这些，心怡就鼓起了勇气。

他们相约在某处的体育场碰面，男人只看见了一改健身装扮、换上女儿装扮的心怡，并没有看见其他女人。但是他的眼睛在心怡的身上停留了数秒，心怡就知道自己的胜算提高了几分，于是笑着说：“我要向你介绍的人远在天边，近在眼前。”男人看着淑女装扮的心怡错愕了几秒，随即就喜笑颜开了。在他近30年的人生生涯里，还从来没有遇到过这样令人措手不及而又让人感到激动又刺激的事，他不禁为昨天还是自己健身的“哥们”，今天就变身为自己女友的心怡的勇气所折服。这样直抒胸臆、对爱情认真的女孩已经不好找了，所以，他很珍惜开朗勇敢的心怡。交往大半年后，心怡“被迫”结束了单身生活，走进了婚姻的殿堂。

现实中，像心怡这样敢于“诱惑”成功男人的女孩并不多。女孩，如果你发现身边有这样成功的男人，他不仅宅心仁厚，而且有担当精神，能负担起生活的重任，那么就要勇敢地抓住。不然，错过了会令自己非常遗憾的。所以，女孩，宁可冒着被拒绝的可能，也不要让自己感到遗憾。

最后，我们想要告诉女孩一些与成功男人相处的妙招，希望女孩借鉴，早日得到自己的幸福。

1. 要合理分配自己的时间，不要因为有了男友就打乱自己生活的步调，不要留下太多的空白等着他来填满。成功男人之所以成功，是因为他有自己的事业目标，他是比较理智的人，所以他的时间是很宝贵的。你如果因为太爱他，而失去已获得的成就、失去自我和自己的生活圈，他反而会不知所措。保持自己以前的生活节奏，做个相对独立的女孩，这样你就不会因为受到他的“冷落”而感到委屈。

2. 要充分发挥女性天生的浪漫情怀。成功男人也许是事业上的资优生，却极可能是缺少生活情趣的弱智儿。因此，你的浪漫情怀就会使你成为两人关系的主导者，这样他就会乖乖跟着你走。

3. 万不得已，不要放弃自己的事业。不管你的能力如何，有一份自己的工作可以让他不敢轻视你。有事业的女孩才会让他既怜爱又敬佩，这也是你自我价值的体现。

4. 给他放松心灵的独处空间。在爱情的追逐中，不仅男人需要自己自由的独处空间，女孩也需要在自己的独处空间里喘口气。所以，不要贴男人太紧了，属于你的聚会自己一个人也可以搞定，不是吗？这样的女孩才是大度的女孩、自信的女孩，这样充满信任的举动会为你的魅力加分。

5. 多找些共同话题来交流。如果双方对彼此的行业都不太了解，那么就多找些其他有趣的共同话题来聊。即使你不赞同他的某些观点，也要尊重他发表言论的权利。生活中有些事没必要做无谓的争论，因为大家的压力都已经够大了，闲暇时还是以放松为主。

6. 欣赏与赞美他。不管他是一个多么成功的男人，也不管你有多么优秀，被自己的女友（或妻子）夸奖是每个男人所向往的，聪明的女孩一定要学会欣赏与赞美男人。

与男人“互帮互助”，关系才能深厚

女孩都想找到优秀的好男人，但是要知道，你对对方的要求有多高，你的素养就要有多高。女孩要提高自己的“战力指数”，才能找到“战力指数”高的优秀男人，这样的两个人才能在同一层面上相互切磋、相互依靠。

妙可去参加一个培训班，这个班上有很多成功男士，他们分布在各行各业。一次闲暇，班上人聊起什么样的女孩子在这个时代更受欢迎，也就是说在座的成功男士喜欢什么样的女孩。很多年轻的男孩子都说：“当然是漂亮养眼一点的比较好！”但是几位事业有成的男士并不赞成他们的观点。一位男士说：“男人到了事业相对成功的时候，或者在为事业打拼的时候，心灵往往很疲惫。他们在外辗转打拼时，外表看似坚强、内心却很脆弱，这个时候就想找个人来陪。一个温柔的、善解人意的、愿意倾听自己心声的女孩无疑是老天送给自己最好的礼物。这个时候，如果女孩能够为自己拂去心绪上的烦恼和忧伤，让自己能够卸下白天重重的伪装，就知足了。如果女孩还能切中肯綮地帮自己分析工作上错综复杂的关系，分析工作中出现的难题，能对自己的工作与事业助一臂之力，那就是老天厚爱自己了。而那些漂亮养眼的女孩，可能会被她们的美色暂时吸引，但是大美女看久了也是普通人。如果与她们再深入交流下去，就会觉得她们大多很肤浅，整日只知道梳妆打扮，没有多少话题可以分享，绝对不能选这种女孩做老婆。那些野蛮女友、小太妹似的女孩也不能选，因为生活是过出来的，不是玩出来的。总之，现代社会压力这么大，女孩能成为自己无话不谈的知己是最重要的。”这位男士的“肺腑之言”，博得了持续不断的掌声。

当然，上面例子中这位男士的发言不能代表所有男士的观点，但是也说出了很多男士，尤其是事业上小有成就、有一定生活历练的男士的心声。现代社会竞争激烈，生活节奏越来越快，压力也越来越大，有一定内涵和阅历的成功男人都愿意找“相互依靠、互帮互助”型的女友和老婆，这样男人的压力就会相对减轻许多。

女孩都想找到优秀的好男人，但是要知道，你对对方的要求有多高，你的素养就要有多高。因为真正优秀的成功男人也会希望自己的伴侣是个有抱负的人，是个有思想的人，是个与自己有共同语言的人。女孩要提高自己的“战力指数”，才能找到“战力指数”高的优秀男人，这样的两个人才能在同一层面上相互切磋、相互依靠。

女孩，在增长自己“战力指数”的同时，也要留心那些能帮助自己实现梦想的男人。杨澜是幸运的，她不仅开创了事业上的辉煌，还实现了许多女人一生都无法实现的梦想。因为她遇到了能帮助她实现各种梦想的吴征，两人不仅是夫妻，更是共同实现梦想的事业伙伴。二十几岁的女孩，若你能找到一个令自己爱情与事业双丰收的男人，让事业与爱情齐头并进，岂不美哉?

不想做剩女，25岁以后就要慎重说分手

25岁以上的女孩要学会选择，你今天的选择就是明天的生活。选择对了，明天的生活就会给你带来惊喜；选择错了，在你人老珠黄的时候，可能就只剩下空悲叹了。

公司里，27岁的婷婷与25岁的欢欢在聊各自的男友，两人都说了与男友交往的来龙去脉。私密话题的闲聊，会拉近女人之间的距离，最后欢欢问婷婷：“婷婷，你对你的男友完全满意吗？”婷婷就如实相告，她对学理工科的男友也有不满意的地方，不能给男友打满分。学文科的婷婷心思细腻，希望男友能注意到生活中的很多细节，比如油盐酱醋茶没了，男友能发现，能自己主动去买；有些家务，比如垃圾桶满了，桌子脏了，希望男友能看见；还有些特别的节日，比如与自己相识的纪念日，各种属于女人的节日，思维粗线条的男友好像从来都不知道似的。但是一想到这些都是小事，婷婷就不去斤斤计较了。因为男友就是粗线条的人，婷婷从与他成为男女朋友那天开始，就知道了男友

的性格缺点。每次她强忍不住、与男友诉说无多大效果时，她都劝自己这不是原则上的问题。因为男友每月工资如实上交，也很少加班到深夜，从不在外面过夜。男友的心都用在了事业上，所以这些琐碎的家务事就都看不见了。每次婷婷生病，男友都会请假陪婷婷，所以婷婷的怨气很快就会平息。最后，婷婷对欢欢说了极富生活哲理和生活阅历的一番话，婷婷说："不是很满意能怎样？找个十全十美的男人，既会做家事、又能赚钱、又对自己专一体贴，那是不太可能的事情。再说，与一个人谈恋爱，那是需要时间和精力的，中间磨合的时间成本太高了。如果另起炉灶，与另一个人从恋爱到结婚那又至少需要3年，女人一生有多少个3年啊？25岁是女孩子的一道坎，女人过了25岁，已经没有了18岁女孩青春靓丽的容颜，也没有时间和精力去找寻另一份情投意合的感情了。因此，男人如果不是把你伤得特别重，没有犯原则性的大错，就原谅他吧。毕竟相恋这几年，彼此已经深知对方的脾气和生活习惯了，爱情迟早会转化为亲情的，亲情也是个依靠。总好过将来万一没有着落，一不小心成为大龄剩女，那就更不好找了，说不定下一个还没有现任这个好呢！"婷婷的一番话把欢欢说得暗自翘起了大拇指，她正为看不惯男友的大吃大喝而生气呢！她本来觉得男友这么不会过日子，将来迟早会败家的。听了婷婷的话后，她决定给男友一个机会，对男友进行一场改造，以观后效，打消了马上放手的念头。

相信很多女孩都有与婷婷、欢欢类似的感受。男友是不错的人，但就是有很多地方让自己很头疼，有时还会产生分手、另找他人的想法。这个时候，25岁以上的女孩就必须冷静下来了。首先，说分手是很伤人的话；

再者，男友真的无可救药了吗？真的犯了“十恶不赦”、必须分手的错了吗？与其他男人比起来，自己的男人是不是还要好很多、强很多了呢？大龄剩女的产生就与眼光太高、太挑剔，脱不了干系。

女孩子过了25岁，就要在爱情与生活之间找到一个平衡点了。大部分女孩谈恋爱都是以结婚为目的的，女孩过了25岁，就朝着30岁奔去了，就不能再像25岁之前那样由着自己的小性子了。因为婚姻不是爱情，如果只有爱情的浪漫而没有婚姻的现实，那爱情能附着在哪里呢，又能附着多久呢？有了扎实的物质基础，只要那个男人“值得爱”，感情是可以培养的，不是吗？如果说爱情的产生是情不自禁的结果，那么理想和舒服的婚姻就是选择的问题。25岁以上的女孩要学会选择，你今天的选择就是明天的生活。选择对了，明天的生活就会给你带来惊喜；选择错了，在你人老珠黄的时候，可能就只剩下空悲叹了。

“公主病”不要太强烈

女孩，每个人都是自己内心的公主，要想做被人认可的公主，就要抛开以自我为中心的固定思维模式，甩掉公主的架子。

随着国家计生政策的大力推广和普及，独生子女的家庭越来越多。因为只有一个孩子，家长对孩子都是百般溺爱，真可谓是“集万千宠爱于一身”。可以说，在这种家庭环境下长大的女孩，都患有不同程度的“公主病”。

她们可能在家里衣来伸手、饭来张口，就连力所能及的事情也被殷勤的父母代劳了。这些女孩上大学的时候，自己的衣服还是老妈每月过来一次帮忙洗的，对寝室里的公共卫生更是熟视无睹。这样的女孩自然得不到同性的喜爱，她们还会振振有词地说：“同性相斥、异性相吸，是物理学的基本原理，这是科学证明了的。我就是喜欢与异性接触，异性会包容我、迁就我，不像同性，动不动就生气，事事都要跟我比输赢。”最后，这种有“公主病”的女孩还会说：“大家都是女人，女人何必为难女人呢？为什么她们就不能像男的那样迁就我、关心我呢？”

其实，从最后一句话，我们就已经能深深感悟到她们不讨人喜欢的原因了。人际交往的本质是互帮互助，“你敬我一尺，我敬你一丈。”一个以自我为中心的女孩，一个只想着让别人对自己好的女孩，是不可能讨得同性的喜欢的。对相对有包容心、会怜香惜玉的异性而言，他们的容忍也是有限度的。

有“公主病”的年轻女孩如果容貌俏丽，再辅以大美女林志玲那样嗲嗲的娃娃声，就会成为很多异性追逐的对象。但是公主小妹，吃青春饭是有一定时限的。青春不再，而你又一无所长、人缘也不好的话，你将来怎么办?那些整天跟在你屁股后面跑的男人，又有几个对你是真心的呢？他们中的大多数爱慕的是你年轻的容颜，又有几个人能承受岁月无情的变迁呢?

有“公主病”的女孩，还是醒醒吧！其实世界上本没有真正的公主，那些当你是公主般宠着让着你的男生，只有一种可能，那就是想从你身上揩点油水。这种事的前提也要你老爸家财万贯，否则你也不会得到这样的礼遇。

伊燕在男友所在的城市找了份工作，终于结束了异地两年的相思，他们两人可以幸福地过二人世界了。但是二人世界过了一年，男友就不堪重负，提出了分手。

原来，男友没有想到女友那么地不懂事，是完全的生活白痴。男友不仅要下厨做饭，还要包揽家里的一切家务，伊燕对这些都袖手旁观，好像男友就是自己的仆人和奴隶。伊燕下班回到家，第一件事就是打开电脑，开始玩游戏，直到男友喊半天开饭了，她才恋恋不舍地离开电脑，去吃饭。

如果男友出差超过一周，等回来的时候，家里已经变成杂货摊了。不仅衣服、鞋子乱扔，袜子满地，抽屉也是张着大嘴，迎接着男主人。不用说，伊燕又是在外面解决吃饭问题的。最要命的是，伊燕特别爱刷卡，觉得反正刷爆了，有男友还。

男友耐心地说她几句，她就会嘤嘤而泣，把男友折腾到夜里11点以后才能睡觉是常有的事，害得左邻右舍也要跟着遭殃。公用的东西，比如洗衣机、冰箱、淋浴，伊燕都要霸占。邻居好声好气与她交涉多次，都不见效，只好与她男友说。男友说她几次，伊燕就哭几次、闹几次。在伊燕眼里，男友就是自己的私有物品，只要爱自己，就应该为自己做所有的事，以自己的喜怒哀乐为人生己任。如果有邻居“欺负”自己，男友就应该挺身而出，而不是“教训”自己。带着这样的思想发展下去，伊燕几乎每天晚上都会无理取闹到11点后，男友终于崩溃了。

男友向伊燕大学时期的同寝室女友诉苦，才发现自己苦苦追求了四年的漂亮女友竟然是这样的人。原来，伊燕在大学寝室的时候就比较懒惰，自己的垃圾都不愿意清理，自己的床单、被罩都是老妈每月来给洗的，平时动不动就与同寝室人吵架，基本上就被同寝室人孤立了。男友这才发现自己只是被女友的美貌所吸引，没有调查清楚女友的为人与生活习性。他认为，一个女孩，如果不能与同寝室人、邻居和睦相处，那怎么可能与同事相处得好呢？那工作又能干多好呢？一个女孩，不会自己做饭、整理家务，那以后有了孩子怎么办？孩子总应该能吃上母亲做的饭吧？如果自己再出差，那家里会乱成什么样呢？一想到自己工作这么辛苦，女友也不体谅，还刷爆卡，他就气不打一处来。考虑再三后，他便向伊燕提出了分手。

其实伊燕的男友不知道，这是典型的“公主病”症状。这些诸如伊燕以上行为的年轻女孩，多是自小在家人的呵护下长大的，心态依赖成病态，公主行为受骄纵，这样的女孩在社交中当然不受人待见了。如果每个女孩都有“公主病”，都想全世界围着她一个人转，那这个世界还转得过来吗？

有“公主病”的女孩，从自恋中醒过来吧！一个人不喜欢你，还可以说得过去，两个、三个甚至更多的人不喜欢你，与你合不来，你就应该反省自身了。要想成功，要想工作顺利，人际关系无疑是最重要的，人际关系在成功中的比例占到了85%。所以女孩，从自我为中心的城堡中走出来吧。社会可能是冷漠的，同事可能是冷淡的，这些都需要你用自己的热心去融化、去温暖。只有这样，别人才愿意为你献上真诚的心。

有了这样的气度和胸怀，相信你就是最受欢迎的“男女通吃、老少皆宜”的社交女神，天长日久，你就能像磁石一样，紧紧抓住男人的心了。女孩，每个人都是自己内心的公主，要想做被人认可的公主，就要抛开以自我为中心的固定思维模式，甩掉公主的架子。就像《公主保护计划》中的Rosa linda，她不仅甩掉了公主的架子，还帮平民女孩Carter找到了自己内心的“公主”——自信，最终她以友爱和宽容成为学校里最受欢迎的公主。女孩，还等什么呢？为让自己成为真正的公主而努力吧，你的人生会变得更加闪亮！

已经到了这个时候，就更不要将就了

能不错过一个好姻缘还是不要错过，但是一旦错过，就千万不要将就了。因为一次失败的婚姻比起单身来，对一个女人的打击要大得多。

有人说，女人没有了青春就一文不值；有人说，有要求可以，但是还是要实际一些，岁月不饶人，青春浪费了就没有了……很多过了25岁的女孩子想必都听过这样的言论，也许还有更激烈的言论充斥着你敏感脆弱的神经。有的女孩还在坚守着那份真诚、那份自我，相信只是缘分没到，依然执着地相信爱情，相信那一份属于自己的情感终究会有靠岸的一天。但是，也有些女孩经受不住传统世俗的眼光，而选择了一条让自己后悔终身的路。

蔷薇的婚事一直是压在父母心头的一块大石头。父母不能理解，自己品学兼优、模样大方、工作也算稳定的女儿为何32岁了还待字闺中。于是，蔷薇每天都得听“你年纪也不小了，不要总是眼高手低，有合适的就可以考虑结婚了”这样的话。听着这些话，蔷薇由先前的生气到慢慢地着急，所以她打算赌一把。她对单位同事热心给自己介绍的杨超没有多少爱的感觉，不来电，甚至还有点说不上来的小小的厌恶感。但是一想到自己年纪大了，谈恋爱的机会不是很多了，就再三强忍住分手的冲动。想到自己170cm的个头，碰到176cm的杨超总算还有点让自己满意的地方，一想到之前所有的交往对象个头都与自己差不多，蔷薇就更是不能把分手说出口。介绍人说的“杨超不仅长得帅，还会挣钱，也会照顾你，你就不要再挑剔了，再挑剔就只能找离婚的了”之类的话，也在蔷薇的耳边盘旋。在父母、介绍人和杨超的多重压力下，蔷薇只好同意结婚，“兴许我还能赌赢呢！”就这样，蔷薇坐到了杨超迎亲的轿车里。

但是在车里，蔷薇的心隐隐作痛，她总觉得哪里不对劲，“也许每个女人都会有婚前恐慌症吧”，伴娘的话让蔷薇心神安稳了几分。但是蔷薇婚后的生活并不幸福，和老公很多话题都说不到一块，老公索性就不说了，本来对老公也是将就的蔷薇自然就更不想说话了。她猛然想到婚前他们说话的一个场景，原来就是那次对话让蔷薇心里很不舒服。

那次他们在等公交，蔷薇向公交志愿者问路，当时还是男友的杨超就说了句“老人当公交志愿者，那是因为他们老了，没有多大用处，只能做这个了。”性格温柔的蔷薇当时皱了皱眉头，但是没有与杨超当场争辩。

想到自己不喜欢杨超的源头故事，蔷薇就知道自己与老公不适合的原因在哪里了。这些对话看似是很琐碎的生活小事，但是婚姻本就充斥着诸多生活琐事，这么多与丈夫不合的小事堆积起来，蔷薇只好鼓起勇气，提出离婚。

将就的婚姻看似现实，但是却忽略了“适合”。婚姻如鞋，太大了，自己撑不起来，招架不住；太小了，自己又会觉得憋屈，不舒服。蔷薇的所谓赌输了的婚姻，原因就在于这个婚姻其实不是自己真心选择的，而是外界施压、自己将就的结果。

找到与自己绝配的男人很难，不是“君住长江头，我住长江尾”这种情况下的地点不对，就是“恨不相逢未娶（嫁）时”的时间不对，年龄越大心就越慌。但是，女孩，不要随便抓个男人了事。如果婚姻不幸福，整天过着愁眉苦脸的不舒心的怨妇日子，那还不如单身。单身比离婚强百倍，单身意味着希望更大，不是吗？自己的人生自己负责，接受别人给自己安排的人生自己也是要负责的，那还不如自己掌握自己的人生。

34岁的刘力扬是个喜欢旅游的女子，平时靠卖字为生。她丝毫没有为自己的老大难问题伤神，相反，她对人和事总是看得很淡，所以，她给人的感觉就永远是一副笑眯眯的样子。在一次旅途中，她遇到一位年轻的帅老外，他们因为有同样的旅游爱好而很自然地走到了一起。婚后，刘力扬问老公：“我比你大那么多，难道第一次见面，你没有看出来吗？你为什么还喜欢我？”老外老公操着流利的汉语说：“因为你是我见过的笑得最灿烂的女人。当时我做生意失败，就去旅游，你阳光般绽放的笑容感染了我，让我感到了力量，我就这样陷进去了。”

为结婚而焦虑的女孩，不要因为年龄大了而有“凑合过下去”“随便找个人”的想法。既然已经等待了这么久，已经到了这个年龄，那就更不要将就了。能不错过一个好姻缘还是不要错过，但是一旦错过，就千万不要将就了。因为一次失败的婚姻比起单身来，对一个女人的打击要大得多。女孩，找男人一定要找能让自己安心、与自己有共同语言、能给自己带来快乐和幸福的男人，千万不能盲从。

不对相亲抱太大希望，更易得到好结果

不要以第一印象决定一切。多来往几次，几次见面后双方才可能互有好感。大千世界，一见钟情的概率实在太低。

相亲是几千年来老祖先留下来的中国传统的婚嫁方法，是在那个久远年代，男女相见相识乃至结婚的必经环节。对进入信息时代的新新人类而言，相亲就像历史遗留物一样，有与封建、落后等同的嫌疑。对追求自由恋爱、追求浪漫的社会潮人来说，相亲是很死板的交友方式。在没有见面前，已经被人像买肉那样从各方面称了一下，这样还有什么浪漫可言？但是，不能否认的是：相亲，这种古老的媒介，依然有着它独特的魅力。当今社会，人们的生活节奏加快，人们在工作之余的休闲时间越来越少，于是，工作忙、社交面太小就成为大龄单身男女首当其冲的元凶，而相亲无疑是快速解决该问题的良方。相亲比网恋更真实可靠，从各方面因素综合

来看，相亲有可能成为当代中国人的潮流，并将持续延续下去……

那么，怎样提高相亲的成功率，不让相亲负面地影响自己的生活，就成为大龄女孩首先要解决的心理问题。下面提供几个相亲常识供女孩借鉴：

1. 把相亲仅仅当作认识外人的一个机会就行了，不要对相亲抱太大期望

期望越大，在心理上越放不开，这样越可能说错话、表错意。可以把对方想象成一个路人，确保你在心理上站在高处，这样才能表现得自然，容易营造轻松的谈话氛围。

2. 注意“三貌”，即外貌、礼貌和笑貌

男性是视觉动物，都很关心女性的外貌。这时，作为相亲的女孩，要尽量化淡妆。化淡妆是为了表现自己对这次相亲的重视，也是对对方的尊重。浓妆艳抹就没有必要了，即便你靠彩妆吸引男性的眼球，引起他们的注意并成功拍拖，但是男人终会有看见你真面目的一天，到那时就难以收场了。所以，化个淡妆是最明智的选择，恐怕你也不想找个只在乎你外表、不关注你心灵的男人吧。爱说脏话或者不雅口头禅的女生要注意了，第一次见面，还是不要原形毕露了。尽量客气有礼，以展现你的淑女风范为好。尽量保持微笑，会给对方舒服的感觉，至少传递的是友好的信息。这样即便内向的你说话不多，但至少能给对方留下良好的印象，为以后的见面做铺垫。

3. 尽量避免谈钱

虽然女生很想知道对方的潜力和实力，但是第一次见面就谈钱，还是不太好的。对方也不想找一个只关心他钱而不在意他人的女人，可以从双方的工作、业余爱好、娱乐八卦、时事政治、家庭结构等谈起。等两个人熟了以后，你不谈钱，对方也会主动与你谈钱的。

4. 相信门当户对

特别要相信价值观相似的重要性，否则就会遭遇婚姻的失败。

5. 注意细节

因为两个人都彼此陌生，通过细节可以大体判断一个人的性格和习性，这样就可以看出两个人有多少生活习惯上的交集，诸如爱好、生活起居、饮食等。当然这些细节在以后可以慢慢磨合，但先前评估是绝对有必要的。

6. 不要以第一印象决定一切

多来往几次，几次见面后双方才可能互有好感。大千世界，一见钟情的概率实在太低。我们也不能苛求别人，爱人不行还可以当朋友，尤其在外地工作的异乡人，至少还可以互相有个照应。

7. 从结账方式看男人

如果你遇见了要与你AA制的男人，也不要生气，就当作他没有看上你的讯号吧。对你小气的男人见一面就够了，当然点菜的价位，女孩也不要太剥削人了。

8. 不要害怕失败，把所有相亲的不成功都归结于对方的失败就行了

当相亲成为一种习惯，我们就不会再紧张，更不会有被人挑挑拣拣的感觉了。在这个时期，如果能遇到一个谈得来、各方面条件也可以的人，就一定要果断地抓住，这就是“在对的时间遇到了对的人”。

"姐弟恋"很美妙，但也要提防提前散场

沉浸在美妙的"姐弟恋"中的女孩，不要忘了，并不是所有的恋爱都有一个相同的主题曲，并不是所有的恋爱都有一个完美的结局，也并不是所有"姐弟恋"中的女孩都能收获一份幸福的婚姻。

恋爱是人生中的一颗花种，能否开出美丽的花朵，需要诸多因素的共同作用。当今社会，人们的思想已越来越趋于开放。在男女交往的过程中，人们已不再太看重年龄，年龄不是问题，只要两情相悦就有可能成就一段美好的姻缘。美妙的"姐弟恋"也是一种恋爱存在形式，在当今社会中也不少见。但是，"姐弟恋"有收获硕果的，也有以失败散场的。

安安从小生长在一个离异家庭，与母亲相依为命。穷人的孩子早当家，安安很小的时候就学会了帮母亲做家事，照顾母亲。因为从读书到现在工作，都是一个人在外面打拼，安安浑身上下越发散发着独立、自信和成熟的光芒。安安在社会上打拼多年了，无论在人情世故还是在工作上，都表现得十分出色；唯独在爱情上，虽然她一直都很期待爱情和婚姻，但是一直都没找到心仪的合适对象。

公司新来了一个刚毕业的叫杨硕的帅小伙，年仅22岁，被分到安安所在的部门，身为领导的安安自然就对杨硕照顾有加。也许因为年长10岁的关系，安安不自觉地就对杨硕很热心。杨硕也很虚心，业务上有什么不懂的就向安安请教，有时候生活上的小事也会不自觉地告诉安安，比如自己双休的见闻，从早到晚，事无巨细，都一五一十地向安安诉说。说起令自己气愤的事，就拳头紧握，一副要与人打架的气势，说到高兴的事，就手舞足蹈起来，这让安安开怀大笑。好久以来，安安都没有这样发自内心地笑过了。她觉得与年轻人在一起就是有这点好处，让人觉得放松，什么烦心事都没有了。她一直没有往心里去，觉得杨硕刚毕业，没有多少工作经验，自己只是帮助他度过工作恐慌期的大姐姐而已。直到以后几周，杨硕就像个膏药似的黏着她时，她才感觉到杨硕的“不怀好意”，她既羞愧又恼火，以后就刻意避开杨硕。

不过每次杨硕都能找到接近安安这个领导的理由，然后就会给安安洗脑：“‘姐弟恋’现在是一种时尚，干吗这么封建保守啊？我也算是典型的帅哥呀！”“很多人都说我长得像韩剧里面的明星，我不仅个子高，皮肤白，我还很会照顾人，安安……”安安听后，不禁羞涩地笑了。“杨硕长得既帅气又阳光，那是得到公司上下一致认可的。可是与比自己年龄小的男人谈恋爱，能有结果吗？我可是以结婚为目的而谈恋爱的人啊！”安安心里想。杨硕仿佛会读心术似的，他马上说：“安安，你不要觉得我小，我是以结婚为目的的传统男人，我是认真的。”安安本来就是一个心软的、还没有正儿八经谈过恋爱的女性，当他们四目相对时，彼此都从对方的眼神中读出了感情的诚意。但是自小被父亲抛弃的经历，还是让她对男性没有多少安全感，尤其是相差10岁的杨硕，所以她对杨硕还是置之不理。

在公司组织的一次卡拉OK活动上，失意的杨硕当场唱了一首伤感的《白狐》，伤感的旋律让安安不禁动容。安安一人来到了舞场，刚落座，就被人邀请去跳舞，抬头发现这个请自己跳舞的男人正是杨硕。因为他们已经好久没有说过话了，安安感觉杨硕的每一个眼神都是深深地凝视，仿佛要看到自己心灵的最深处。而此时的舞曲也恰巧是《为什么相爱的人不能在一起》，看着因为被自己拒绝而备受折磨的杨硕，安安的心也抽搐了。正在安安神情恍惚时，杨硕的深情一吻就印在了安安小巧的嘴巴上，而此时，四周响起了疯狂的口哨声。

恋情曝光后，杨硕索性就认为安安默认了。一年后，33岁的安安和23岁的杨硕踏上了红地毯，再一年后，他们可爱的女儿出世了。

任何婚姻，都是因为感情和责任而存在的，“姐弟恋”式的婚姻也是。只要有感情和责任的存在，“姐弟恋”式的婚姻也会变得幸福和谐。

但是，沉浸在美妙的“姐弟恋”中的女孩，不要忘了，并不是所有的恋爱都有一个相同的主题曲，并不是所有的恋爱都有一个完美的结局，也并不是所有“姐弟恋”中的女孩都能如安安那样收获一份幸福的婚姻。不到老去的那一天，安安的婚姻能持续多久都是一个未知数，但我们祝愿她与杨硕能白头到老。

男人刚刚走上工作岗位的时候，心理发育还不够成熟，他可能喜欢你的成熟稳重、风情万种，喜欢你丰富的社会阅历和人脉资源，他对你有类似于崇拜的感情，这种感情很容易转化为恋情。而与同龄的女孩在一起，他会觉得很累，而且在事业上这些女孩也不会帮到他，所以他会选择你。有这种功利想法的小男人是最要命的，也是最不安全的。这种小男人目的很明确，所以，他的主动进攻和柔情蜜意很容易攻破女性的心房，尤其在女性没有其他合适的男性可供选择的时候。随着时间的推移，男性的心理逐渐成熟，社会阅历不断增长，行为逐渐持重，对社会的理解更为全面深刻，到那时他可能就会百般挑剔你了。首当其冲的就是挑剔你青春不再的容颜，以及逐渐开始走下坡路的身材。所以，“姐弟恋”存在着很大的不确定性和风险性，女孩子不能贪图恋爱阶段的美好，而忘了岁月的无情和男人的薄情。一旦小男人长大了、成功了，大女人变老了，那么大女人也该功成身退了，轰轰烈烈的“姐弟恋”也该散场了……

因此，“姐弟恋”一旦涉及婚姻，在面对婚姻责任和将要经受的时间考验时，女孩们一定要各方面多加考量。

不要爱上已婚男，他没有权利爱你

女孩，请自尊自爱，你不是情场上的“二等公民”，请把自己看得贵重起来。用你的智慧看清周遭的社会、看清人心，这样你就不会被打着爱情的名义、实则只是觊觎你青春的男人所骗了。

艾琴是个活泼开朗的24岁女孩，她一人在外地打工，因为一起打工的同学不多，工作之余觉得寂寞无聊，于是她报了舞蹈班。在学跳舞时，艾琴认识了一位30多岁的已婚男人，作为舞伴，他们配合得天衣无缝。

这个已婚男人对她关怀备至，不仅时常给她送好吃的，还给她买很多生活日用品。经历过婚姻波涛的已婚男人成熟中带有稳健，宽容中带有丝丝宠爱。无论艾琴在他跟前如何任性撒泼，他都宽容大度，不予计较。他不仅事业有成，而且为人幽默，学识渊博，经常把艾琴逗得很开心，他还会每天变着花样来满足艾琴的浪漫情结。每当艾琴晚归的时候，他都会非常体贴地送她回家，哪怕他与艾琴家的方向截然相反。这种已婚男人的伎俩自是与艾琴同龄的青涩男生无法比及的，慢慢地，艾琴就非常依赖他并以身相许了，而且爱得很投入、义无反顾。

艾琴很倔强，根本听不进身边朋友的好心规劝，就是离不开他，扬言："我为他（这个从没想过要离婚的已婚男人）甘愿做妾。"还拿琼瑶小说中女主角的故事和自己相提并论，最后的结果可想而知。已婚男人的发妻找上门来，当着丈夫的面痛骂了艾琴一顿，已婚男人夹着尾巴跟着发妻回家了，再也没有回来。艾琴这时才恍然大悟：自己只是这个已婚男的一剂调味品而已。

女孩，已婚男人的"爱"碰了都是痛。有些女孩沉溺在如父如兄的已婚男人的所谓"爱"里，就像沉浸在琼瑶为女孩精心编织的玫瑰色的梦里。但是既然是梦，就总有醒的一天，总有遭遇现实的一天。扪心自问：他是真的爱你吗？你真的甘心一辈子做他见不得光的地下情人吗？年轻的那几年，当你还不愿意醒来，你或许还可以为所谓的"爱"牺牲自己。但是生活并没有你想象的那么简单，你还要面对一系列问题，这些问题都不是年龄渐长的你所能承受的。到那时，你可能就想过正常的、一家三口其乐融融不会被外界干扰的平静生活，而不是永远分享人家爱情的“施舍”了。到时候，你想被“扶正”的想法就会越来越强烈，迟早该来的“争抢大战”一触即发。到那时，你的青春容颜、美丽外表也已成昨日黄花，你不顾一切爱了多年的男人也会像厌倦原配那样厌弃你。《手机》这部电影有个片段是：范冰冰饰演葛优在剧中的情人，葛优跟媳妇分手了之后，按说范冰冰这替补该转正了，可是葛优立马又找了一新的，范冰冰还在原地踏步。爱上已婚男的女孩，看到这里，你作何感想呢？

再者，同样是女人，你不妨站在他老婆的立场上多想想。这个女人可能在男人一贫如洗时嫁给他，与他过着“一起吃苦的幸福生活”，他们夫妻“情深似海”，感情基础厚实，就像《蜗居》中宋思明的原配。当她知道丈夫心里有了别的女人，在丈夫被查出贪污时，她还是爱着自己的老公，愿意变卖父母兄弟的房子来填补赃款。这样情真意切的原

配，男人怎么会忍心提出离婚？所以，《蜗居》的结尾，海藻并没有得到美好的结局。

下面是《蜗居》中宋思明的爱人对他说的话："你是我丈夫，我要的不是你多么风光显要、多么飞黄腾达，那都是给外面人看的。我要的，就是到老有个伴，孩子有个爸爸。不过，现在我知道了，我这十几年的付出，得到的不是自己老了以后有个能相互扶持走向墓地的人，却是在为别人做嫁衣裳。我度过了苦尽，把甘来留给后人。宋思明，你说你一回来，我就给你一张臭脸看。是的，的确如此，因为我没办法笑出来。我每天早上醒来，枕头都是湿的，心里都是凉的，屋里都是空的。然后，你要我在你回来的时候卑躬屈膝地请求你、讨好你、承欢你？我做不到。我们两个，好聚好散。我不去指责你有多么地无情，多么地忘恩负义，多么地朝三暮四。因为到我这个年纪的女人，早就该明白，男人都是一样，年轻的时候需要垫脚石，中年的时候需要强心针，晚年的时候需要根拐棍。我活该自己做了垫脚石，没什么可抱怨的。但是，请你不要在无情上再加卑鄙，把分裂家庭的责任推卸到我的头上。不爱了就是不爱了，不谈对错，不谈谁负了谁，但不要给自己贴上道德的标签。"

同是女人，听了宋思明爱人的话都会有心痛的感觉吧。二十几岁的女孩，在你喜欢一个男人前，不妨先调查清楚他的"版权"问题。如果他不是处于单身状态，这样的男人没有资格得到你的心，他根本没有权利爱你。宁愿接受离婚男人，也不要找已婚男人。那是对自己不负责任的表现，更是他对你不负责任的表现。一个男人如果真的爱你，就会很在乎你的真正感受，他不会让你受半点儿委屈，更不会让你处于这样悲凉的境地，到最后还落个勾引已婚男人的坏名声。醒醒吧，女孩，多半的已婚男人都是打着爱的名义，其实他只是暂时厌倦了烦琐的家庭生活，只是暂时厌倦了平淡的婚姻生活，想从中偶尔解脱出来透透气、放松自己而已。

女孩，请自尊自爱，你不是情场上的“二等公民”，请把自己看得贵重起来。用你的智慧看清周遭的社会、看清人心，这样你就不会被打着爱情的名义、实则只是觊觎你青春的男人所骗了。

选对自己的那杯茶

只有对自己有一个清醒的认识，知道自己想要什么样的男人，什么样的男人适合自己，这种建立在理性思考基础上的感情才更有可能得到幸福。

女孩可能在社会上漂泊得久了、倦了，也可能因为初到这个新奇而又冷漠的社会，很希望能有个人陪伴，希望有个人在身边支持自己。于是，就会随手抓一个男人，随便谈一场恋爱，这样就不需要一个人度过漫漫长夜、一个人吃早餐、一个人挤火车了……但是女孩，在谈一场恋爱之前，你知道自己喜欢什么样的男人吗？你知道自己是什么类型的女孩吗？你知道什么类型的男人与自己最匹配，能给自己带来幸福吗？这些问题如果你还没有想清楚，那么女孩，你的恋爱将注定是一场又一场美丽的错误。只有对自己有一个清醒的认识，知道自己想要什么样的男人，什么样的男人适合自己，这种建立在理性思考基础上的感情才更有可能得到幸福。

恋爱不是儿戏，也有规则、学问可言。有人把人生伴侣比喻为自己爱喝的那杯茶，有些茶的色、香、味都不会令我们讨厌，也许你想品尝一下，但是等真正品的时候，你会发觉，茶虽香，但不是自己想象的味道。所以，这样的茶对你而言是没有多大意义的。如果你因寂寞而爱，因为受不了长夜的冷清，受不了形单影只的寂寞，就不考虑将来自己可能的后悔，那么因为寂寞而开始的恋爱到头来受伤的还是你自己。

现代社会，什么都讲究速度，连谈恋爱也讲究速成，“闪婚”就成了时下青年男女的一种时尚。闪电般地相识，闪电般地擦出爱情的火花，闪电般地结婚。但是，这些急于结婚的女孩，你对他真的了解吗？你对他所有的生活习惯、思维方式有多了解？双方父母亲戚有多认可你们？他又了解你多少，能容忍你的坏脾气和小心眼吗？也就是说，你真的确定他就是你的那杯茶吗？

婚姻是一辈子的事，不是过家家，女孩，不要那么轻率地对自己的婚姻做出决定。下面是心理学家给我们的建议，它能帮助我们判断男人是否是自己的那杯茶。

1. 你们是好朋友吗？

建立在友情基础上的爱情往往比较牢固。如果你们彼此喜欢，希望与对方在一起，不夹杂任何条件，那么你们在一起会很幸福。

2. 你们沟通有障碍吗？

也就是说，你们能坦诚布公地说任何话，而不担心被对方看轻或者怀疑吗？如果对方有看轻你的表现或者可能，你应该再证实一下，以增加婚恋的保险系数。

3. 你们的价值观、道德观，及对外界事物的认知一致吗？你们的追求、对生活的看法相同吗？

4. 你们的婚恋观相同吗？

也就是说，要确保双方都不是随便结婚的人，一旦结婚了，就会有经营婚姻的意识和责任心。婚姻是双方共同选择的，是否有信心坚持经营好婚姻，双方是否都有这样的意愿?

5. 当发生分歧或者矛盾的时候，你们是否都抱着积极的态度一起解决问题，而不是等以后发作?

6. 相处在一块，相互打闹逗乐的时间是否多?

7. 彼此是否了解对方的优缺点? 了解后，是否还依然会接纳对方?

8. 他（她）是否是最了解你、也是你最信任的人，并愿意积极地肯定你?

9. 你们相处时是否有激情、有浪漫，大多数时间是否是满足惬意且自由自在的?

10. 你们的交往是否是非常理性和成熟的? 你们是否能感到双方在多个层面上都很相配?

以上十个问题，如果你的答案大多是否定的，那么女孩，你就要慎重考虑下你们两个人的关系了。如果你的答案都是肯定的，或者大多是肯定的，那么你们两个的结合就是成熟而理智的。你们已经知己知彼，可以共沐爱河了，你们是品位相当且适合对方的那杯茶。祝福你们举案齐眉，相扶到老!

情爱篇

一等女人用心经营爱的港湾

对于已婚的女人来说，人们往往这样概括：聪明女人会跳“双人舞”。可别小觑这支“双人舞”，要跳好它可不是一件容易的事，这需要女人倾尽一生来经营。但最终婚姻的质量如何，就要看婚姻中女人是如何营造情爱港湾，以及婚姻中双方如何配合了。新时代的知识女性往往更懂得自己该在何时做个上得了厅堂、下得了厨房的贤妻，该在何时做个小鸟依人的娇妻……她们会转变自己的角色，让另一半感受到家的温馨。

婚姻是坟墓还是天堂，由你决定

婚姻，是一种事业。或许不能用成功与否来论婚姻的好坏，但幸福的婚姻，是旅途上的那一路花开。

围城外的女孩都非常渴望进入婚姻，以为有了婚姻，就等于找到了一个好归宿，以后就万事大吉，从此开始过上幸福快乐的日子了。但是进入婚姻后，才发现远不是这么回事。来自不同成长环境和生活背景的两个人牵手走进婚姻的围城后，童话般的诗意生活就会慢慢变得现实，恋爱、蜜月时的浪漫和激情会渐渐隐退，随之而来的是锅碗瓢盆、柴米油盐等日渐平实朴素的生活。随之而来的可能还有双方的缺点，这些缺点在婚前被刻意隐藏，或者因为激情而被视而不见。这个时候，两个人就会发生碰撞，加之其他家人的参与，家庭矛盾和冲突就会在所难免。夫妻俩在第一次碰到阻碍或遇到共同生活中无可避免的困难时，便有决裂的危险。

有人说“婚姻是爱情的坟墓”。其实，从科学上讲，爱情中的激情是因为男女在热恋时，脑内会分泌一种叫多巴胺的化学物质，这种物质在人体内的期限最长三年左右。随着多巴胺的减少和消失，激情也转变为平静。婚龄在一年以上的男女会感到失去了恋爱时的心动感觉，也可能进入现实的婚姻后，双方把精力更多地投入到工作中去了。对看重事业的男人来说，更是如此。他认为结婚就意味着自己对老婆的爱，一旦步入婚姻，两个人就成了一条绳上的蚂蚱，不用再像谈恋爱时那样追求浪漫、花心思讨老婆欢心了。

一位法国作家曾说过："没有冲突的婚姻，几乎与没有政潮的政府同样不可想象。"所以女孩，在任何情况下，都不要轻易怀疑爱情已逝，甚至怀疑自己当初的选择。婚姻本身就是一种承诺：我和她（或他）终生缔结了，今后我的目的不再是寻访使我欢喜的人，而是要使我选定的人欢喜。相信大多家庭都是这样的情况，不是爱情消逝了，而是双方把精力投向了别处。所以，要想同时拥有婚姻与爱情，或者想拥有一个平实美满的婚姻，作为支撑家庭另一片天的女性，你就要学会经营了。这就像经营一份事业一样，相信天长日久，你定会收获意想不到的幸福。

下面是金婚老人给年轻女孩经营婚姻的诀窍，姐妹们要注意修炼哦！

1. 赞赏和鼓励比辱骂、拿他与别人比较，更有说服力、更有力量

不要拿他与别人比较，既然你当初选择了他，就要爱自己所选，因为你要对你的人生选择负责，不是吗？对大多数男人来说，赞赏和鼓励比辱骂更能让他有奋斗的力量。因此，即使在吵架时也不要出口伤人，身体的伤害很容易治愈，但精神的伤害却是可怕的。

2. 你是你，他是他，不可能事事同步，所以不要强求

不要妄想把两人打造成一个人，记住：在任何情况下，你都是你，他都是他，两个人永远都不可能重叠。能同步做某事就同步，不能同步也不要勉强，更不要耍小性子。因为已步入婚姻，你已经算不折不扣的成人了。

3. 不要整天追问对方爱不爱自己

爱是通过行动展现出来的，不是说出来的。挂在口头上、不落到实处的爱，是苍白无力的。

4. 不要让虚荣和功利迷住了眼睛

物质的追求是无止境的，千金易得、真爱难寻，金钱有价、真心无价，女孩，对这些身外之物的追求还要适可而止为好。

5. 必要的信任

丈夫是自己最亲近的人，也是在父母、儿女不在身边时陪伴自己最多的人。对他的信任是必须的，疑人不嫁，嫁人不疑。如果不信任你的丈夫，那何谈婚姻幸福呢?

6. 适当的依赖

女人都有依赖心理，但是婚姻关系本质上是一种微妙的平衡互动关系。对爱人适当依赖才会使你的吸引力更持久，如果过分依赖，对方可能就不堪重负而成为婚姻的逃兵了。

7. 彼此保留一份自我空间

男人不想进入围城的一个很重要的原因是想要自由，不想被婚姻和家庭套牢。但是他一旦愿意戴上“锁链”，与你走进围城，那就表示他很珍爱你，对这份婚姻很重视。所以女孩，就让男人保有一份他的自我空间吧，他会对你心存感激的。女性自己也应该有爱自己的自我空间，不是吗？有距离才有思念，才会产生美，如漆似胶地“黏”在一起，那只是热恋时的举动。婚姻是现实的，也可能是沉重的，给彼此一个可以喘息的空间吧。因为婚姻也需要呼吸，这样双方才有气力继续经营婚姻。

8. 留足经营感情的时间

现代社会，竞争激烈，生活节奏日益加快，每个人的工作都十分繁忙。有很多夫妻因忙于事业而顾不上感情生活，以致夫妻俩经常不能一起吃饭、休息，影响了两人感情的巩固和发展。夫妻工作再忙，也要巧于安排，挤出两人共同生活、共浴爱河的时间。不仅要努力去了解对方的想法，在婚姻中一天天加深了解，摸透对方的脾气；也要多表现自己的观点和想法，甚至自己的忧心与恐惧，这样才能更好地增进了解，避免或减少误解。

9. 爱他的父母、亲戚

爱屋及乌，只有发自内心地感到这就是自己的父母、亲戚，心理上才会对他们产生依恋，他们会感受到你的这份真心。何况，人老了就像孩子，只要像哄孩子一样哄老人开心就可以了。你对他的父母和亲戚好，他会对你更好。

10. 婚姻的真相是妥协

有了婚姻，你从此不再孤单，但是原本毫不相干的两个人拧到了一起，有冲突和矛盾就很正常。在矛盾和冲突中，不愿意妥协的人是不适合走进婚姻的。学会妥协、学会宽容、学会沟通、学会感恩、学会经营婚姻，是你一辈子的必修课。

婚姻，是一种事业。或许不能用成功与否来论婚姻的好坏，但幸福的婚姻，是旅途上的那一路花开。

婚后也不要疏于打扮

夫妻虽然不同于恋人，但在自己的爱人面前保持美好的形象，让爱人赏心悦目、让自己保持魅力是对自己负责的表现。

很多女性单身时，把自己打扮得漂漂亮亮的。那个时候，她们喜欢逛街，喜欢买新衣服，喜欢收拾自己，为的是嫁个如意郎君。婚后，她们觉得大功告成了，自己恨嫁的心终于可以歇歇了，于是就不再像单身时那么爱打理自己了。有的女性是因为婚后管账了，反而舍不得为自己添置新衣了，更多女性不打扮或疏于打扮的原因是添了宝宝。有了孩子的女人身份转变成了妈妈，全副心思都用在照顾孩子上了，不自觉地就会忽视自己，更别提那些本身就不会化妆、不爱化妆的女人了。

小璇在男友小辉许诺爱她一辈子、永远不离不弃的疯狂追求下，与男友迈入了婚姻的殿堂。小璇是个传统女人，少女时代，还很爱穿衣打扮，但是婚后，当老公把财政大权交到她手里后，她就舍不得花钱了。她觉得开门七件事柴米油盐酱醋茶，哪一样都需要钱，所以本来爱美的她就削减了自己的开销。平时也舍不得下馆子吃饭，婚后两年基本上都是和老公在家里吃的。老公也常说自己三生有幸，娶了如此贤妻。听了老公这样的话，小璇就越发贤惠起来，不仅包揽了全部家务，连逛街也减少了，也不注重打扮了。加上她们公司本来对员工穿着就没要求，这样，每次出门上班，她就只涂个保湿霜就行了。

有了孩子后，小璇基本上就不化妆了，怕含铅的化妆品会侵害宝宝的健康。上班就像行军打仗，素面朝天就出去了。她的生活就是上班、做家务、陪宝宝玩，没有时间关注自己的形象。回到家，和宝宝疯玩，头发常常乱成一团，她也没心思换新衣服，因为孩子经常会在她身上留下污渍。公司很多人都说小璇像换了个人，以前那个注重打扮的小璇不见了，而以前那个喜欢与小璇一块去菜市场买菜的老公也不见了。小辉埋怨小璇只顾照看孩子，菜也没有以前烧得好了，还对生完孩子后身材走样的小璇颇有微词。

当小璇沉浸在与儿子欢声笑语的快乐生活中时，她的老公却在外面包养起了美女小情人。小璇知道后如晴天霹雳，质问老公，老公甩出一句：“你看你现在都成什么样子了，还像个女人吗？无论是在购物，还是在穿着打扮上都俗不可耐！我受够了，我们离婚吧！”

无疑，小璇这样的女人是贤惠的，这样的女人没有孩子前，心中只有老公，有了孩子后，心中就只有孩子和老公了。这种“三从四德”的贤惠女子虽然能帮男人把生活打理得井井有条，可是她们不知道，在男人的潜意识里，他们还是希望自己的女人能够风情万种。即便是女人做家务时，他也希望这一情景能令他赏心悦目。他希望女人偶尔会换上一件新衣服在他面前嗲声嗲气地撒娇，这要比你任劳任怨为男人长期操劳获得更多的宠爱。

女人可以贤惠，但不要太贤惠。即便有了拖累人的小孩，婚后也不要疏于打扮。因为美丽，男人会有好心情，其他人会有好心情，你也会有好心情。难道非要婚姻走到即将破裂的尽头才觉悟吗？《蜗居》中宋思明的太太说过：“世上就是你我这样自以为孺子牛的女人多了，男人才疯狂。我把他收拾体面了，他出去风光。别的女人看见他又有风度又有温度，马上就有热度，哪想得到背后有个女人操劳过度。”“做女人就是得对自己好点，吃好、喝好、玩好，万一一个不小心出了意外，别的女人就用咱省下的钱，住咱积攒的房，睡咱节省用的老公，打咱心疼的娃。你说咱克勤克俭地舍不得吃，舍不得穿，一心为家，有什么意思？总有些硕鼠来偷咱积攒下来的粮食，与其别人花，不如我们自己花。”

最后，想对婚后的女人说：你们还记得热恋时的自己吗？那时候，你肯定打扮得漂漂亮亮的去跟他约会吧。可是婚后，你却来了一个一百八十度的大转弯，一点儿也不在乎自己的形象。夫妻虽然不同于恋人，但在自己的爱人面前保持美好的形象，让爱人赏心悦目、让自己保持魅力是对自己负责的表现。在爱孩子和丈夫的同时，试着多给自己一些关爱，多注意自己的形象，也许很多情况就会不一样。

依靠和依赖男人要有度

个性独立、有主见的女人会让男人感到轻松，而不是感到难缠。这样的两眼泉水，才能汇成连绵的小溪，告别烦恼和忧伤，欢快地流淌。

依赖是女人的天性，也是女人的一种本能。她们在遭遇困难的时候，想的不是如何解决问题，而是想会不会有人来帮助自己，怎样找人来帮助自己。年少时依赖的是父母，婚后依赖的就是自己的丈夫了，她们觉得依赖是出于爱和信任。

29岁的小露结婚已经3年多了，但还总像个孩子似地依赖老公。小露也没什么朋友，平时一下班就回家与老公黏在一起。小到每天穿什么衣服，大到工作上碰到的难题，小露都要靠老公为自己拿主意。每次只要老公出差超过一个星期，她就会有下地狱的感觉。她一个人待在家里会坐立不安，晚上睡觉总觉得很没有安全感。少了老公对自己生活的安排，小露对待工作也没有多少热情了。当接到老公从外地打来的电话时，小露竟然在电话中委屈地哭了起来。她恨不得老公马上就能飞回自己的身边，因为他不在身边的日子实在难挨，心里空荡荡的，也不知道自己能干点什么或者做什么会让自己开心起来。

像小露这样依赖男人的女人有很多，这与她们温顺、柔弱的个性有关。她们的生活往往比较单调，生活空间比较狭窄，生活中接触到的人和事物都比较少。所以当丈夫为她们排忧解难、缓解压力并丰富她们的生活时，她们自然对他会产生如崇拜般的依赖心态了。刚开始那两三年，被女人依恋着、依赖着，男人还会有满足感和自豪感。但是长此以往，对于被依赖的人来说，就常常会有不堪重负的感觉了，这对两个人的感情也会产生负面的影响。男人说到底也是人，是人都会有自己人性的弱点，人的耐心都有一定的限度。当男人对你有爱的时候，他甘愿为你当牛做马，把你宠得丧失自己独立处理事情的能力；但是一旦他的事业陷入低迷，一旦他承受不住其他女人的诱惑和进攻，到那时，依赖成性的女人该如何生活？所以，依靠和依赖都要有个度。你要能保证，在没了这个依赖时，自己仍可以独立生存和生活，这应该是一个女人活着的全部尊严和价值所在了。

依赖成性的女人，慢慢会退化自己的所有优势，即使是自己从前擅长的，也会因为长久的依赖而丧失这种本领。如果现在你有男人可以依赖，也不要把这种依赖看作幸福，而应该清醒地意识到独立的重要性，这样不时地给自己打几剂预防针，你就会慢慢变得独立且坚强起来。当你把“不过于依赖”作为婚姻的信条时，夫妻双方就会共同料理家务、共同养育孩子、共同处理各种事务，这样在婚姻遇到意外变故时，即使没有了对方的配合，自己也能独当一面，也能应付自如，让这个家庭得以顺利地延续下去。

要知道，在这个世界上，最靠得住的人就是自己，所以依赖自己是最实惠的。而依赖他人，尽管他现在是你的老公或男朋友，他还有精力让你依靠，让你撒娇，但历经世事之后，他在疲惫之时也会想找个人依靠，而这个人却不是你。因为你都不能依靠自己，怎能经得起他再依靠？这样，男人就会心灰意冷，生活压得他喘不出气来，他最后会选择无意识地逃避。然而，个性独立、有主见的女人会让男人感到轻松，而不是感到难缠。这样的两眼泉水，才能汇成连绵的小溪，告别烦恼和忧伤，欢快地流淌。再有压力时，他会寻求你的安抚与安慰，而不是感受到更多的压力。

男人也需要“哄”

进入婚姻的女人，当自己的男人在外面为这个家打拼的时候，你应该给予男人最大的宽慰。因为人同此心，心同此理，你需要，对方也需要。

许多时候，女人都把男人当作靠山，当作支柱，当作可以依赖的港湾。在男人面前，她们肆意地宣泄着情感，她们哭、她们笑、她们闹……

她们总以为男人就应该是坚强如盾的，男人的脆弱、男人的娇柔也常遭人耻笑，但往往最刚强的人会有最脆弱的一面。男人同女人一样都是肉体凡胎，他也与你一样，有着各种情感。他们也想笑、也想哭、也想发泄，也想找个肩膀依靠。刘德华的一首《男人哭吧哭吧不是罪》，唱出了大多平凡男人的心声。进入婚姻的女人，当自己的男人在外面为这个家打拼的时候，你应该给予男人最大的宽慰。因为人同此心，心同此理，你需要，对方也需要。其实，与男人哄女人开心不同，女人“哄”男人是很容易操作的，男人本质上是比女人好哄的动物。下面是几个“哄”男人的小窍门，进入婚姻的女性可揣摩使用。

1. 有眼色。受中国五千年文化熏陶的男性骨子里大都有点大男子主义，因此想让婚姻这条小船驶向幸福的彼岸，女人就要学会有眼色。在公共场合，一定要给足男人面子。大多男人都不喜欢朋友们取笑他怕老婆，即便他在家里给你织毛、跪搓板，在人前也一定要给足他面子。这样，他就会更加宠爱你。

2. 小事上要学会装傻。很多男人都有吹牛的癖好，作为最亲近最了解他的人，你知道他只是在吹牛，但是别急着戳破。给生活加点料不好吗？这属于言语的放纵，如果他说这话能让自己开心，找到一点自信，得到一点拼搏的力量，那就让他尽情说好了。只要爱人能得到快乐，轻松一点、装傻附和他一下，不是很好吗？

3. 夸大他的优点。人都喜欢听好话、听顺耳的话，那么就给他戴戴高帽吧！生活中夸人的话很多，比如今天真帅、好有精神、真利落、做的饭真好吃、真勤快……只要你肯坚持说，一定会收到好的回报。

4. 多给他信任的眼神。即使他做了一件很笨的事情，你也要送上信任的眼神。因为事情已经做了，能让他下次改正的唯一方法就是信任他能做好、鼓励他做好，而不是一味地批评。

5. 让他欣赏美女。只要不是很过分的欣赏都可以接受，这与你欣赏帅哥一样。你告诉他可以欣赏，他欣赏美女的行为可能还会收敛点。

6. 小事上不要与他做无谓的争吵。不要和他在一些无伤大雅的问题上大费口舌，提高音量和他针锋相对是不明智的。你需要哄哄他："你是对的，说得蛮有道理的。"男人一定会因为你的善解人意而善待你的。

7. 对他的"狐朋狗友"不要出言不逊。即便你心里再怎么不喜欢他们，也千万别说出来。因为他们对他很重要，说出来就伤了他的面子，也伤了他的感情。

掌握了以上几个小窍门，女孩，相信幸福之门已经向你打开了。要知道，每个男人骨子里都喜欢娶懂事、贤惠的女子为妻。再加上你知书达理，懂得在适当的场合给他留足面子，有时你又会忍让一步、换作你哄他，相信哪个男人都会对这样的女子加倍怜惜的。以后，即使你有耍刁蛮的时候，他也不会跟你斤斤计较，他所能想起的，将尽是你的美、你的好。

把与爱人的沟通培养成一种贴心的默契

经营婚姻最重要的，就是及时处理冲突和矛盾，把危机扼杀在摇篮里。这个技巧其实也很简单，就是沟通。

被媒体誉为身价数以亿计的中国"打工皇帝"和中国身价最高的职业

经理人唐骏，在各种场合演讲时都会被人问及成功的秘诀，当然也少不了问及他与爱妻经营20多年风雨不动的婚姻的秘诀。无论是对工作，还是对婚姻，他都非常强调沟通的重要性。他说，两个人在一起，不可能在所有问题上都意见一致，但是只要沟通好，让对方知道你真实的想法，那婚姻就是一件非常简单、单纯的事情。夫妻间的沟通要掌握两个原则：一是态度正确。两个人坐下来，把问题摊开，心平气和地说明白，不要情绪化。二是目的正确。比如，他劝说妻子接受他的观点和决定，最终的目的是希望两个人的生活能够过得更好。在真正的生活中，唐骏夫妻就是这样实践着、经营着自己的婚姻。

唐骏是江苏人，虽然长得高大威猛，但做事情却有着南方人一贯的有条不紊和精细；孙春兰是兰州人，虽然白净纤细，但性格上却有着北方人的粗枝大叶。他们原本就是性格差异比较大的两个人，但是他们有个共同点，那就是沟通的方式很简单，基本上是直来直去。

在外人眼里，唐骏有10年微软（此后唐骏成为微软终身荣誉总裁）、4年网络豪门盛大、现在加盟新华都集团的辉煌履历，但是作为妻子的孙春兰却是有很多苦要吃、要忍受的。试想，你愿意跟随一个男人从中国到日本留学，从日本再到美国留学，从洛杉矶到西雅图，从美国再回中国，从上海到北京，再从北京回到上海吗？这样奔波过20多年，我们听着都会觉得累。最要命的是孙春兰还怀孕在身、父母在旁，进行的是举家大迁徙。作为未来亿万富翁的妻子，经历过多少甘苦，只有这个外表柔弱的女人自己知道。作为一个女人，她与天下所有的女人一样，都想过安稳的生活，但是命运让她遇上了唐骏，就注定要过这种“颠沛流离”的不平淡的生活。

唐骏初到美国，开了三家公司，规模虽然不大，但每年也有二三十万美元的收入，而她也慢慢熟悉了洛杉矶的生活。但是，唐骏突然决定去微软做一名年收入只有区区5万美元的普通工程师，这让一心求稳定的孙春兰坚决反对。唐骏看着很少生气的妻子，就慢慢放慢语调，十分诚恳地与妻子坐下沟通。唐骏说：“我现在的公司做的也是软件，只有日本客户。可是微软是软件业的霸主，你也知道，我那些日本客户对微软很崇拜，他们听说我要去微软，对我崇拜得不得了。他们说，我去微软，他们还会把单子继续给我。再说，我只是去微软镀金，最多两年时间。你如果还是觉得洛杉矶好，那我们就还回洛杉矶继续做软件公司。有了在微软的从业经历，接单不就更容易了吗？”

妻子也是知书达理之人，她被自己的丈夫说动了，之后就举家搬迁到微软总部西雅图。通过这一次又一次的选择，她已经知道了丈夫的能力，也知道他非池中物，她所要做的，就是支持他。通过“搞定”生气的妻子，我们也可以一窥唐骏非凡的沟通技巧和说服他人的能力。

在婚姻中，双方的感情基础、共同的兴趣爱好、价值观、生活理念等，这些都是两个人能够一起生活下去的基础。但是只有这个基础还不够，夫妻间还可能会因为各种各样的原因而发生冲突。经营婚姻最重要的，就是及时处理冲突和矛盾，把危机扼杀在摇篮里。这个技巧其实也很简单，就是沟通。

作为平凡人的我们也要在婚姻中学会沟通，好的沟通能使双方有一种贴心的默契感，找到一个彼此都满意的结果。再忙，也要给对方留出沟通的时间，而不要被电影和电视占据了自己。另外，提高自己的分担能力、承受能力、解决问题的能力，也是婚姻中的女人要学习的。当他的女人是个有主见的、温柔的、善解人意且懂他的人，能够提出好的建议、还具备足够的承受力时，他一般都会放松地敞开自己的心扉，双方更能达成良好的沟通效果。

会吵架，所以就不会离婚

吵架有时是婚姻的催化剂，这也得到了科学的证明。吵架是一种生活压力和个人灰色情绪的发泄方式，以这种方式把情绪的“毒”排出来，自然能有效地降低离婚率。

“过来人”的经验告诉我们，没有一对夫妻不吵架，因为“相爱容易相处难”这是经过千百年验证的颠扑不灭的真理。

我们身边经常有两种不同的夫妻类型：一种在外人看来，夫妻伉俪情深、相敬如宾，从没有脸红脖子粗过，但是在过了四五年后，会突然来次波涛汹涌的吵架。不知道他们夫妻双方会对这种突如其来的战争风云作何感想，但着实会把曾经羡慕他们的人吓一跳。而这时，婚姻往往没能挺过“七年之痒”，双方会来个彻底的决绝，其速度真可以用“迅雷不及掩耳之势”来形容。不管他们是相恋多少年的初恋情人，经过多少波折、多少艰难，最终只好挥手说“拜拜”。而另外一种在外人看来，夫妻却经常争吵，但是能越吵越相爱，在争吵中不断磨合、理解，这样双方的感情指数自然会上升。

吵架有时是婚姻的催化剂，这也得到了科学的证明。吵架是一种生活压力和个人灰色情绪的发泄方式，以这种方式把情绪的“毒”排出来，自然能有效地降低离婚率。心里痛快了，气顺了，自然能冷静而客观地看待对方了。把喜怒哀乐都写在脸上的直性子的人更容易得到快乐，而那些内敛型性格的人反而容易不快乐，情绪积累到一定的量，就很容易做出傻事。如果遇上了这样的另一半，女孩们就要小心了。女孩，如果你遇上了这样的“闷骚男”，为了婚姻的稳固，请做好丈夫的排毒工作吧，只要不是大的原则性问题，凡事就要对他多加体谅。

叶一茜与“跳水王子”田亮结婚后，她的婚姻生活就成了众多媒体追逐的热点话题。叶一茜坦诚相告，她说他们刚开始因为性格不和，两人经常吵架。她觉得老公是一个很大男子主义的人，特别要强；而她也是从小就独立惯了的，骨子里的要强性格很明显，只不过没有田亮那么尖锐。这样婚姻生活中自然就会不断发生摩擦、言语上容易发生冲突，“他很较劲，我们之间吵得比较多”。叶一茜还说：“在婚姻里，他有时像一个教育家，如果他认为有道理，就一定要改变我的想法让我认可。很大男子主义，不是容易被改变的人。刚开始我也特别较真，万事都要争个输赢。前阵子我们买车选车牌，因为他是亮L，我是茜Q，我们就想等LQ的牌照，他说在车牌中只有L没有Q，而我相信有，于是我们当时就开着车冲到大街上去找Q。我们常常这样，遇到事时，用事实说话，谁对谁错，很多时候彼此其实都心知肚明，只是需要给对方一个台阶下。慢慢地，我们开始学会彼此迁就；也拌嘴，却没有那么针锋相对了；学会了包容，慢慢改变对方不适应的一些习惯。”

有了孩子的叶一茜说，如果放在以前，她是绝对不会认输的，但现在却是“吵到后面，我觉得他是对的，好像说着说着就变成我的错了”，不过也成了两人平息打嘴仗的理由。

可见，吵架是需要技巧的，如果会吵架，那么吵架就很可能成为感情的“黏合剂”。下面是我们精心准备的几个吵架秘籍，女孩子可以慢慢练习，希望对你们的幸福有帮助。

1. 宽容和忍让不可少

就像叶一茜对待田亮的方式，因为你是丈夫最亲近的人，你也是最了解他的人，所以他有什么性格上的缺点，作为妻子的你应该比其他人更清楚。比如他有明显的大男子主义，只要不是什么原则性问题或者无伤大雅的事，你顺着说就行了，何必跟他较真、较劲呢？较真也要有个度，要适可而止。记住：大度女人会变年轻，小性子的女人才长皱纹，所以不要让自己做无谓的、不讨好的事。

2. 问题不要复杂化，就事论事就好了

很多夫妻一吵架，双方大脑的“数据库”就会自动启动，把和对方相关的人，来个“杀无赦”，把他们全数落一遍。他父母哪里不对，他哥们什么事做得不对，甚至他与以前恋人八百年打不着的事也全都抛出来了，最后还撂下一句伤人的话：“我当初怎么会看上你了！”

现代人的压力都大，一吵起架来可能就没完没了。但是为了婚姻的和谐，开战前30秒，还是多想几个问题吧：你究竟是因为什么生气，这件事情是否糟糕到要通过吵架来解决，吵架就一定能解决问题吗。思考过后，可能你就会觉得这件事太小了，不如平心静气地交谈。要在爱中学习爱，而不是在争吵中学习怎么争吵。

3．学会沟通，相信柔能克刚

与其控诉、埋怨、批评男人，不如换一种语气，换一种措辞，这样的沟通效果可能会更好。比如去参加同学聚会，你的老公没有与你的同学好好打招呼就走了，你完全没有必要批评他“目中无人”“冷漠”，倒不如说：“你要是招呼也不打一声就消失不见，我真的很难办，因为同学们都会谈到自己的老公。”这样你就不是控诉者而变成了受害者，这也会给你们之间进一步的沟通打下良好的基础。

4．学会倾听

不要打断他说话，让他说出来，然后你再确认他的意思，这样就能知道他真实的想法，也能达到聆听的目的。不要自以为了解对方想说什么，其实有时你不了解的正是这个枕边人的想法，所以你要解开他的心结，不要让他再加深对你的误解。

5．冷战最消耗精力，也消耗你们的感情

女人赌气会摔东西，还会摔门而出，不接对方电话，让对方找半天……总之，就是在惩罚对方，其实惩罚他人的同时你也在惩罚你自己。

出去安静半个小时后，不妨用积极一点的态度想问题，接他的第一个电话与第十个电话有何区别，微妙之处就在于一个“台阶”。有趣有情有义的夫妻，都会适当地给对方台阶下，不要为了使对方“长教训”而延长冷战的时限！

信任，让婚姻呼吸的清新氧气

爱情就是这样，爱本是生命中深挚的关怀与体察，无须刻意去抓紧握牢，越是想抓牢，越容易成为枷锁。

人与人能够很好地交往，有很大成分就在于相互信任。如果没有信任作为基石，那么人与人之间将没有感情可言，更别谈持续交往了。夫妻之间更需要相互信任，与他人的关系疏密还可选择，但夫妻之间容不得选择，只有彼此的信任，才能把两个人套牢。信任是婚姻稳定的基础，更是爱情的磐石。一对夫妻心中各存猜疑之时，也是婚姻之墙即将坍塌之际。

小艺与小军结婚两年了，婚后一直过着夫唱妇随的快乐日子。但是有一天晚上老公打电话说他不回家吃晚饭了，小艺内心不是很痛快，老公不给自己解释，让自己感到很委屈，但她还是用温柔的语气允诺了他。因为她相信他们之间的感情，相信老公的为人，所以她强忍着自己的疑问没有质问老公。

有次老公的同学到家里做客，他记得上次同学聚会好像没有看见小艺，于是向小艺确认，小艺的谜团这才揭开。原来老公同学聚会，聚会上有老公大学时的女友，而这个女友是老公任自己软硬兼施都不说的秘密和伤痛。所以小艺只好旁敲侧击老公的同学，这才知道老公与那女同学的事，原来老公是怕自己吃醋啊！想到老公还一直为自己考虑，小艺的眼眶湿润了，她镇定自若地对老公的同学说："他愿意带我去，我当然会去，但是特殊情况，我自然是不去的。"

那同学再三追问是什么特殊情况，小艺笑而不答。看着老公一副不知所措、尴尬不堪的样子，小艺报之以信任的眼神。老公看着一直以来给予自己无限信任的小艺，也"嘿嘿"地傻笑了。从那以后，他再也没有隐瞒过小艺什么，因为他明白，这样的女人值得他付出全身心去爱。

可以想象如果小艺在电话中哭闹，用不信任的语气与老公交谈，小军会礼让她三分吗？如果小艺也像其他妻子那样又是查手机、又是打老公哥们电话质问的话，那小军的颜面何存？疑人不嫁，嫁人不疑。既然嫁给了他，就要相信你的老公是个重情懂爱的男人，就不要怀疑他对你的感情。如果你在很多事情上做到了大度，他会愿意带你到任何一个场合，见他所有的朋友，你自然有机会了解他更多。

我们每个人都是独立的个体，即便是与你同床共枕的老公，在一定程度上你们彼此也是相互独立的，都需要一定的空间。你所能做的就是给他足够的信任和足够的自由，这样你才可能得到他"永远在你身边"的承诺。

手里握着沙子，我们都知道，如果轻轻地抓住，那么沙子就是满满的，不会流失一点；如果用力将双手握紧，那么沙子立刻就会从你的指缝间泻落下来，当你再把手张开时，原先那捧满满的沙子已所剩无几。爱如捧沙，所以，爱无须抓得太紧。爱情需要空间，握得越紧，失去的反而越多。

爱情就是这样，爱本是生命中深挚的关怀与体察，无须刻意去抓紧握牢，越是想抓牢，越容易成为枷锁。爱情需要自由呼吸，不管是“硬泡”还是“软磨”，都不是爱情本来的面目。爱情就像一门艺术，要用心、用浪漫去调和，才能达到琴瑟和鸣、水乳交融的境界。

温柔，最让男人怦然心动

在男人的眼中，只有温柔的女人才称得上可爱的女人。一个不温柔的女人，就算她有倾城倾国的美貌，百条优点、千种特长，那她也绝不能算是可爱的女人。

无论社会如何变迁，时代怎么发展，女人如何独立，男人对自己女友和爱人的要求永远都有温柔这一项。在男人的眼中，只有温柔的女人才称得上可爱的女人。一个不温柔的女人，就算她有倾城倾国的美貌，百条优点、千种特长，那她也绝不能算是可爱的女人。妻子小鸟依人般的温柔、善解人意般的疼爱，不仅能勾起丈夫对她的怜爱之情，满足他所特有的保护欲，也能勾起他强烈的使命感和自豪感，使他对妻子更加关怀、倾注更多情感。女人的阴柔与男人的阳刚交相辉映，才能使激情期的爱恋顺利着陆到柴米油盐酱醋茶的平淡生活中来。

很多人说，看一个女人善良不善良，就看她是否温柔。如果善良是平静的湖泊，那么温柔就是从这湖上吹来的清风。温柔是一块磁石，只要进入它的磁场之内，你就会不知不觉地被它吸引，想躲也躲不开。温柔里面包含着深刻的东西，它不是生硬地表演出来的，而是生命本体的一种自然散发。只有植根于生命内部的这种温柔，才能经得起考验、历久不衰，一直相伴。

给出一个叫“温柔”的关键词，然后在所有女明星内搜索，想必很多人第一个都会想到林志玲。无论有些人再怎么不喜欢林志玲嗲声嗲气的娃娃音，但是她的温柔气质、她的似水柔情几乎无人能敌。

据说，媒体曾尝试用各种刻薄的问题去激怒林志玲，但都没有得逞。有次狗仔队跟踪她回家，她回到家门口，转过身来温柔有礼地说："谢谢你们送我回家。"香港媒体拍到她走光的照片，她会说："感谢媒体一直以来对我的支持，提醒我以后要小心。"被人称为花瓶，她会笑答："很好啊，这也是一种肯定方式，我会把它看作是赞美。"

在为《赤壁》做宣传时，有人说她与"老公"梁朝伟站在一起，海拔太高了，所以每次与梁朝伟拍照时，林志玲都会笑意款款地蹲下几厘米。这让梁朝伟受宠若惊，被林志玲善解人意的举动所折服。

社会学者刘维公表示，林志玲有一种和马英九类似的"Soft Power"，看起来令人舒舒服服的，"这种柔性的力量，让原本喜爱批评、对什么事都很有意见的台湾社会消音"。所以，林志玲作为年过30岁的女人，她能够成功最大的优势就是"有异常柔软的个人仪态"和面对镁光灯就"缩小自我"的谦逊姿态。这样浑身洋溢着温柔和善解人意气质的女人，哪个人能不喜欢、不被其折服呢？

我们都有参加聚会的经历，在聚会上会有很多夫妻盛装出席。一位男士正在热情洋溢地侃侃而谈，他身边的妻子扯扯他的衣袖，语气很温柔地说："亲爱的，请直接说重点！"不用说，这位先生一定会遵照他妻子说的去办。温柔不仅在于说话的语气、语调和方式，更在于善解人意、在于温柔本身所传达的爱意。温柔是一种"不忍伤害"的心情，是一种发自骨子里的温暖情愫。只有善解人意的温柔，才是激情过后最让男人留恋的地方，也是婚姻长久的秘诀，更是女人获得幸福的终极秘密武器。

追求幸福生活的女孩们，在追求独立、争做强者的过程中，千万不要丢掉自己温柔可爱、善解人意的一面，尤其是在自己老公面前。他们需要爱人的软语呢喃，这样才能春风化雨。女孩不妨对男人温柔一点，这无疑会给爱情和婚姻加上一层甜蜜的巧克力。

好女人也要会“使坏”

“坏女人”可能没有温柔，没有贤惠，没有服帖，但她们能真真实实地让男人感受到生活的滋味。她们给男人的，永远不会是一段不痒不痛的感情，而会让他在萌动了爱情种子的同时，得到勇气、自信和希望，让他极度空虚寂寞的心灵得到慰藉。

中国男人在国际上被公认为是传统而保守的男人，他们一般只敢娶好女人为妻，但是内心里对围城外的“狐狸精”还是情有独钟，这从他们钟爱《聊斋》里一系列狐仙身上就可以看出。男人虽然嘴上骂女人是狐狸精，但是在内心深处，他们还是很渴望遇见这么一个风情万种的女人。一般传统的女人会对这样的女人嗤之以鼻，觉得她们如狐狸精般风骚，专门勾引别人的老公，伤风败俗。有这样想法的贤良女人，往往很疑惑为什么狐狸精样的“坏”女人反而惹得那么多男人爱？其实这是因为“坏女人”懂得抓住男人心的“小把戏”。

下面来看看“坏女人”的招数吧：

1. 让男人臣服在你动人的神情里

诚然，现在夫妻双方的压力都很大，因为工作上的烦恼，有时实在笑不起来。但是，尽量不要把工作情绪带回家，尽量使自己活力四射起来，不要整天摆一张“没有表情的面孔”。与爱笑的女人在一起，会给人轻松的感觉。这样动人的表情摆在漂亮的五官上固然好，但出现在普通人的面颊上，同样也能给人带来意外的欣喜，男人会臣服在你动人的神情里。

2. 令男人着迷于你独有的味道

国外科学人员曾经做过实验：让女生组和男生组互相闻对方的衣服，如果感到气味怡人，那么他们就容易对对方产生恋情。想让男人对你着迷，先打造属于自己的独特味道吧。

3. 令男人心动的美好姿态

情调高雅的女人，举手投足间都能展现出万种风情。她们不论摆出何种姿态，都会让男人心旌激荡。我们可以看看林志玲在网上的照片，不管有无场景，有无故事，基本上都像一首优美的诗。这样的女人，自然能够唤起男人心中的爱怜，让男人心动。

4. 百变造型，让男人乐翻天

很多女人以为有了婚姻就大功告成了，就疏于打扮了，而“坏女人”绝不，因为她深知男人的“喜新厌旧”。多变的装束，自己看自己也会觉得赏心悦目，何况是求新求异的男人呢？再说，求新求异也能让我们的生活变得丰富多彩。我们在世上屈指一算也就不过百年而已，所以女人不要太亏待自己。

5. 丰富自己，让他永远环游不完你的世界

你一次只满足他一个要求，一次只给他一块糖就够了，不要给他整个糖果店。给完了，你就黔驴技穷，对他没招了，他不断征服和追逐的刺激感就会随之减退。男女之间也如同猫鼠大战，让男人环游不完你的世界，

他才会永远流连其间。

6. 再爱对方，也不能爱得失去自我，这样男人才会觉得你够味

不要为了留住男人，就为他烹制多道大菜，其实简单的家常菜就足够了。女孩有什么不满的地方不要憋在心里，要学会婉转地抱怨，否则他会以为你是乏味的、没有主见的老好人。通过撒娇似的牢骚，男人会明白他不能怠慢你。

7. 让他心急难耐也无妨

不需要事事都跟他说，比如你晚上去姐妹淘那里海聊，或者周末与朋友相约，不一定非要带上他，也不要在他的电话机上留下长篇留言。自觉跟男人划清界限，他反而会着急。这种急切的心情，也昭示了他对你炽烈的爱。

8. 目空一切是令他折服的秘方

女人如果有自己的工作和事业，有自己的闺蜜和蓝颜知己，有自己自由的私人空间，那就尽量享受离开他的空间吧，这样他会比你还着急！如果你招之即来，挥之即去，就会给他一种可以控制你的感觉。如果他不能把握你的脉络，你对他而言就始终是一个挑战，会让他产生不自信，而这也会成为他欣赏你的理由。

9. 永远都不要认为自己魅力不够

要告诉自己："我就是我，我有我的自尊和骄傲，我现在感觉很好。"这在医学上是不用花费一分钱的临床治疗，最终你会相信这些话，他也会相信这一切。

这是女人与男人的心理较量，你越这样积极暗示自己，他就越会看到一个充满自信的你。接着，他高昂热烈的兴致就会被你激发起来了。

"坏女人"可能没有温柔，没有贤惠，没有服帖，但她们能真真实实地让男人感受到生活的滋味。她们给男人的，永远不会是一段不痒不痛的感情，而会让他在萌动了爱情种子的同时，得到勇气、自信和希望，让他极度空虚寂寞的心灵得到慰藉。所以，男人爱"坏女人"，好女人也要会"使坏"。

Part3 财智打造

财商篇

二十几岁学理财，30岁后才有钱

“向钱看，向厚赚”这是人们调侃时的常用语，但也确实向人们摆明了一个事实，那就是，人生存在世就离不开和钱打交道。钱在我们生活中的确时刻扮演着重要的角色，衣食住行，哪方面都跟钱有一定的关系。所以，对于当今经济日趋独立的女孩来说，学会理财是相当有必要的，所谓“你不理财，财不理你”说的就是这个道理。那么，女孩，在三十而立之年时，你想有钱吗？想的话，现在你就该开始着手理财规划了。要知道，早一天为自己的未来做规划，你就会早一天获益。

女孩千万要有钱

只有有了足够的经济能力，生命才能够有活力，能够实现自己的梦想。女性争取财务独立的目的，其实不在争取主权，而是不想成为别人的负担和累赘。

曾听说过这样一句话：女性的一生都应该拥有“三千万”。这三千万不是金钱的数字，而是三个概念，说的是女性“千万要有钱”“千万要健康”“千万要美丽”。健康和美丽毋庸置疑，任何女性都需要，但是健康和美丽也需要以自己拥有的金钱为依托。因为父母不能照顾你一生，大多时候还是需要自己照顾自己、自己依靠自己。很多女孩都想找到自己的白马王子，从此过上锦衣玉食的生活。这些女孩要想想：你有多少资本让一个男人长久地养活你、宠爱你？青春和美貌都是有时效性的，你能用这些东西维系一份感情或者一段婚姻多久？在纷杂的都市，在令人窒息的压力下，柔弱、依赖成性的你如果不幸失去这张饭票，你将以何种面目和心态去面对生活上的波谲云诡？

记得看过一个电视剧，说的是一个年轻美貌的女孩，怀揣美好的愿望终于嫁入豪门。但是，“一入豪门深似海”，从此她开始生活在极度压抑、焦虑、孤独和不自由中。因为参加同学聚会回来晚了，竟然没有人给她开门。当她翻墙而过时，却发现包括自己老公在内，一家人都在兴致勃勃地看电视。锦衣玉食的背后，却是非人的精神折磨和极度的不自由。

从她的不幸中，我们可以知道，钱再多再好，如果不是自己赚来的，就没有花钱的自由。花自己赚来的钱，自己享有支配金钱的自由，能按照自己的意愿坦然地生活。想做什么，完全可以自己做主，这样不好吗？当你有了一定的生活阅历和历练后，你就会明白，这个世界没有谁会真正成为你的依靠，唯有拥有财富才是你真正的保障。即使你很幸运，找到了一个始终不离不弃、很爱你的有钱老公，但是现在他有钱，不代表将来他一定也有钱。

聪明的女性寻觅的应该是充满关怀的灵魂伴侣，而不是长期饭票。女孩，要想享有幸福的人生，你必须获得精神上和经济上的双重独立，你的幸福感才会迅速飙升。一位财务独立的女人，在丈夫、孩子、家人与朋友面前都抬得起头来。只有有了足够的经济能力，生命才能够有活力，能够实现自己的梦想。女性争取财务独立的目的，其实不在争取主权，而是不想成为别人的负担和累赘。当然，能在丈夫的事业低谷时，给予坚实帮助的女人无疑更值得敬佩。也许我们一般女性达不到这样的能力，也没有必要非要像男人那样赚大钱，但是让自己不成为别人的负担和累赘，让自己可以自由地支配金钱，是作为新时代女性的女孩们应该做到的。

想获得财务独立、享受高品质的物质生活，仅仅靠一份固定的工作收入是远远不够的，还需要你学会精明地理财。如果没有好的理财习惯，即使有万贯家财也终有一天会花得精光。所以，女孩千万要有钱，也千万要学会理财，这将让你一生受益无穷。

爱钱，钱才会来

女孩，爱钱，对金钱有客观、全面且正确的认识，钱才会来到我们身边，我们才能实现自己想要的财富人生。富人富的是脑袋，穷人缺的就是富人的思维。

每个人都想成功，都想成为富人，但结果却是：只有20%的人成了富人，他们掌握着80%的财富；而剩下80%的人都是穷人，他们仅掌握20%的财富！这就是著名的“二八定律”。那么，为什么会产生这么大的差异呢？有人做了大量研究，结果发现富人其实比穷人更爱钱，有疯狂的财富梦想，而穷人往往不思进取，安于现状。

下面我们讲一个5岁的小男孩创业的故事，女孩就可以感受到穷人与富人的差异在哪里了。

1930年，一个小男孩出生于美国西部一个叫作奥马哈城的一户普通人家里。当时美国经济一片萧条，这个男婴可谓是生不逢时，当时自己的国家、自己的小家正是最困难的时候。父亲投资股票失败，血本无归，家里生活非常艰难。为了省钱，母亲甚至不去参加教堂朋友的聚会了。

在这苦难的生活里，年仅5岁的小男孩看着父母每天为衣食犯愁，他就萌发了一个朴素而执著的愿望：他一定要成为一个非常非常富有的人。

于是在5岁那年，他在家外面的过道上摆了个小摊，向过往的人兜售口香糖。后来，他改在繁华市区贩卖柠檬汁。难得的是，他挣来的钱并不拿来花，而是用来积聚财富。

7岁时，他因为盲肠炎住进了医院，并做了手术。在病痛的折磨中，他对财富的梦想仍没有停止过，他艰难地拿起铅笔在纸上写下许多数字。他很开心地告诉护士，这些数字代表着他未来的财产。他说："虽然我现在没有太多的钱，但是总有一天，我会很富有，我的照片也会出现在报纸上。"正是对金钱的狂热梦想，支撑着这个7岁的小男孩挨过了被疾病折磨的痛苦。

9岁时，他的经济头脑开始突飞猛进地运转着。他与好友在加油站的门口数着苏打水机器里出来的瓶盖数，并把它们运走。他们做市场调研，因为他们想弄清楚哪一种饮料的销售量最大。他还带领小朋友到高尔夫球场上捡富人用过的、但还可以再用的高尔夫球，并非常细心地把它们按照牌子和价格整理出来，再转手倒卖，生意颇为红火。此外，他和那位朋友还当过高尔夫球场的球童，每月能挣3美元的报酬。除利用课余做报童外，他还与伙伴合伙将弹子球游戏机出租给理发店老板，赚取外快。那位朋友的母亲很好奇，就问他："你为什么想赚那么多钱？"这个孩子回答："我觉得赚钱并看着它慢慢增多，是一件很有意思的事。"

少年时代，他爱看许多创业成功者的故事，其中一本书是《赚到1000美元的1000招》，他常常带在身边，简直到了爱不释手的痴迷地步。他沉醉于这些创业成功者的故事里，并想象着自己未来的成功景象。这些书里一些白手起家的故事，更激发了他创造财富的欲望。

11岁那年，也许是受炒股票的父亲影响，他开始研究股票，并跃身股海。他从做股票经纪人的父亲手里搞来成卷的股票行情纸带，把它们铺在地上，用父亲的标准普尔指数来解释这些报价符号。他果断地为自己和姐姐分别购买了平生第一张股票，获得了5美元的纯利润。看着这具有历史意义的5美元，他感到想象中的金山离自己越来越近了。

13岁那年，他成了《华盛顿邮报》的发行员，并因此成了纳税人。这时的他已经显示出和他的年龄极不相称的商业头脑，他制定了最高效率的送报路线，而且还在送报的时候兜售杂志。这样他很快就把送报做成了大生意，他每月可以挣到175美元。

14岁，他把1200美元投资到了一块40英亩的土地上，然后转手租给一个农田承包人。

到高年级的时候，他和善于修理机械的好朋友开始在理发店里设置弹子机，他们和理发店的老板五五分成，生意非常好，市场不断扩大。他并没有被利润冲昏头脑，他总是很冷静地在较为偏僻的地方选址，以防地痞流氓控制他们的生意。

18岁他中学毕业时，学校年鉴上对他的评价是：喜欢数学……是一个未来的股票经纪家。

后来，他成为了美国一个神话般的人物。他就是美国的亿万富翁，有“股神”之称的、被尊称为“奥马哈的先知”和“奥马哈的圣贤”的沃伦·巴菲特。

综观巴菲特的成长历程，我们不难看出，他在5岁时就开始创业了。那时，他就已经对金钱有懵懂的喜爱了，以后他创业、积累财富的头脑一直不断地开发着。正是因为他从小就有对金钱的执著梦想，他才一步步走上了致富之路。

女孩，爱钱，对金钱有客观、全面且正确的认识，钱才会来到我们身边，我们才能实现自己想要的财富人生。富人富的是脑袋，穷人缺的就是富人的思维。你想远离贫穷，那么就爱钱吧。有赚钱的野心，加上积极的行动，相信你就会变成富人！

如果你总是攒不下钱，暂时就不要再刷卡了

信用卡的存在本身就是为了方便消费，而不是储蓄，这样刷卡如果不节制的话就会形成花钱如流水的局面。

信用卡是一种非现金交易付款的方式，是简单的信贷服务。由银行或信用卡公司依照用户的信用度和财力发给持卡人，持卡人持信用卡消费时无须支付现金，待结账日时再行还款。信用卡一经上市，就受到许多年轻女孩的青睐，也成了一种时尚潮流。信用卡使用起来确实很方便，免却了出门带很多现金的烦恼，可以累积信用额度透支，这是刷普通的银行借记卡没有的好处。此外，它还能解你的燃眉之急。

但是任何事物都有两面性。对于年轻、易冲动消费的女孩来说，刷信用卡如果成为一种习惯，那么不知不觉中，你就被卡“卡”住了，渐渐地你就成了与富人相对的“负”人，这就是“卡奴”形成的过程。信用卡的存在本身就是为了方便消费，而不是储蓄，这样刷卡如果不节制的话就会形成花钱如流水的局面。因为拥有了信用卡，天性爱消费的女性或多或少都会比以前更爱消费。然而工资不会因为我们用了信用卡而增加，这样每个月的储蓄自然就会减少。用信用卡买东西，不会有“心疼”的感觉，等每月收到银行对账单时，你才会心痛——原来自己已经花了那么多钱了。

如果你不小心逾期还款，那么银行的收费是不公开的，且利息非常高。某银行是这样算月透支利息的：透支利息1.5%+滞纳金（最低还款额未还部分的）5%+超限费（超信用额度部分的）5%=债务每月递增11.5%！所以，对那些没有自制力、爱消费的女孩来说，还是尽量少用信用卡吧，这样你资金库里的资金才会越来越多，而不是越来越少。如果办理信用卡，也要考虑自己的支付能力，这样才能做信用卡的主人，而不是“卡奴”。

阿美大学毕业后来到大都市工作，工作很好、薪水很高，过着小资般优越的生活。她有一个喜好，就是超级喜欢用信用卡！她用信用卡的方式很让人目瞪口呆，她第一次办信用卡是在超市购物时被一家银行促销员说心动了而办理的。想到办信用卡，支出就能翻一番，还不用急着还钱，所以后来她消费时，就少了以前用现金消费时的种种顾虑。以前她工资虽然不低，但是也没有成为“月光族”，有了信用卡后，她的开销不知不觉就变大了，消费习惯也慢慢开始改变。

她还突发奇想，觉得多办几张信用卡，然后一点点地来回周转，就不会出现资金断裂的问题。其实，这种想法很容易让非理性消费的年轻女孩刷卡“上瘾”。

阿美不仅消费刷卡，还利用信用卡提取现金的功能来应付很多日常超额开支。她也能想到银行较高的利息，但还是控制不住自己，而且她总认为，凭这么多张卡，一点点地来回周转，是不会出现问题的。这样慢慢地，还款额和利息累计至今，阿美已经无力还清了。她已经陷入一种难以走出的财务困境，以致形成恶性循环。

狂刷信用卡，最后阿美沦为翻不了身的“卡奴”，谁之过？金融专家指出，透支消费应该量力而行，市民对待信用卡更需理性。下面是金融专家给年轻的“卡奴”们提出的、走出透支困境的几个方法，希望对年轻女孩有用。

1. 一定要尽量降低生活要求，减少不必要的消费支出，同时还要积极想办法增加经济收入。

2. 可以直接向亲人或朋友借钱，一次还清银行债务，然后慢慢归还家人或朋友的钱，至少没有利息或者利息比银行低。

3. 如果有好几张卡，应该优先还额度小的，尽量用大额度卡还清小额度卡的欠债，这样省得几张卡都交利息。

4. 可以通过别的方式贷款，比如抵押房子或者汽车来获得银行贷款，这个年利率一般比信用卡的年利率和债务低多了。

女孩刷卡要理性，不要让信用卡“卡”住了自己的美好心情。如果总是攒不下钱，总做“月光女神”，那么暂时就不要刷卡了。

聪明消费，做个务实的BUY金女

做个内外兼修的美丽女孩，做好预算，学会消费，把钱花在刀刃上，则是每个女孩必修的理财功课。

有人说，美丽的女孩懂得投资外在，聪明的女孩懂得投资内在！那么，做个内外兼修的美丽女孩，做好预算，学会消费，把钱花在刀刃上，则是每个女孩必修的理财功课。

下面是几个聪明消费的好策略，女孩们不妨学习一下，这样既务实又省钱。

1. 上街购物要有目的性

女孩休闲时，总是喜欢逛街，这样就会买些本来不需要的东西。如果想逛街兜风，那么不妨事先想好自己要购买的东西，然后带相对足够的钱就行了。如果在街上、商场里流连的时间长了，没有收获，女孩往往就会觉得白白出去了一趟，所以逛的时间越长，越容易引起购买物品的欲望。最好的办法是速战速决，买到急需的物品后，立即“打道回府”。

买衣服时，最好找个人陪同。你很可能因为售货员的几句好话就飘飘然了，冲动之下，买了压箱底的衣服，这样就会造成不必要的浪费。一方面自己要有主见，要有意志力，提高自己的审美能力，同时也要听取同伴的参谋。

2. 面对打折的商品，女孩要理性

商家为了处理过季的商品，以便及时回笼资金，会反季狂打折。这时，很多女性就会受其打折所吸引，争相抢购。但是要理性地清楚自己需要什么样的衣服，衣服买回来后，有无配套的服饰，如果没有，那么买回来就不实用了。

与逛街购物一样，女孩出门前要拟定购物计划，用清单的形式把应该购买的商品名称、数量和能够承受的价位标明。这样，当你为打折的商品动心时，不妨拿出清单看看，为自己醒醒脑。

3. 打折时，购买自己喜欢的产品

如果平时逛街看到某种自己喜欢的商品，但是不在促销期间，那么不妨再等一阵子，等打折时再购买，这样就可以节约很多钱。

4. 心情不好逛街时，尽量少带钱

女性的购买欲与男人的烟瘾有一拼，尤其在女性心情不好、情绪波动很大的时候。有很多女性心情不好，会选择花钱的方式让自己心情变好，比如会买很多自己喜欢的东西，会为自己买新衣服、新耳环，换新发型，甚至买些清醒时会反悔的大件商品。所以，当自己心情不好又知道自己有这个“癖好”时，出门就尽量少带点钱吧。因为消费时，你会暂时忘却朝九晚五的工作劳累和生活中的种种不快，但是那些导致你心情低落的原因和问题并没有得到解决。心情不好时，可以宅在家里好好休息，或玩玩游戏，或打扫庭院，或找人倾诉，不一定非得用花钱的方式来发泄你的坏情绪。

5. 即便自己喜欢，也要按需购买

相信女孩们都有过搬家的经历，你整理东西时，会发现很多被自己打入“冷宫”的东西。那些东西，或者是自己一见钟情的，或者是经不住店

员的甜言蜜语，或者只是贪图小便宜而买的，其实你真正用得上的东西没有那么多。女孩，一定要坚持按需购买的原则。如果一件物品自己确实喜欢，也要先暂停几天，在冷静思考后，如果热情仍未减，再去购买也不迟。

6. 买东西尽量买“最新的老款”

最新款的产品，或许能在朋友中博得“跟上时代潮流”的美评，但是它的价格也是最贵的，因为它含有很多的研发成本和其他相关成本在里面。比如，很多电子类的消费品贬值的速度相当快，如果等两三个月或半年再去买的话，可以少花很多钱，而这些产品的功能同新推出的新款产品的功能相差并不大。

女孩，别做投资白痴

要想变成富人，就要让钱为你工作，那么就要学点投资方面的知识和技巧。唯有学会投资，你的钱才可能生钱，你也才能早一天变成富人。

穷人为钱工作，而富人则让钱为他工作。你如果一辈子为钱工作，那你一辈子也只能是穷人，你的钱也永远不够花。要想变成富人，就要让钱为你工作，那么就要学点投资方面的知识和技巧。唯有学会投资，你的钱才可能生钱，你也才能早一天变成富人。

有天，淑君看到办公室的同事老刘在炒股，她就觉得好奇。因为自己一直觉得炒股是有钱人、年轻人的事，没想到50多岁的老刘还对股票那么狂热，于是就向老刘咨询炒股、国债和基金事宜。她暗想："既然老刘还能学习股票、基金这些知识，那么刚毕业没多久的我为什么就不能呢？"于是，她开始了自己的理财之路。她是比较保守的人，抗风险能力也弱，所以就拿出自己半年积攒的1万元在证券公司开了户。工作之余，研究这些投资产品、理财产品就成了她的爱好。幸运的是，她所持的股票一路上扬，最后居然从每股10元涨到27元，这样她获得了近两倍的赢利。

她初尝到了让钱生钱的甜头，以后就一发不可收拾了，她用赢利50%的资金买了三年期国债。两年后，在人民币理财产品热销的时候，她花了两万元购买了这些理财产品，尝试一下。实际上，淑君对这类产品也不怎么了解，还好本金安全收回，收益超过了3%，比存银行定期利息高多了。

淑君真正有研究的是基金，她把手中30%的资金投向了基金。

购买基金前，她做足了功课：先从基金公司的网站上了解信息，查看基金公司的综合实力排名，了解基金经理的情况。晚上，经济类的电视节目她也不放过，因为这类节目会推荐一些基金。本来她打算购买几只老基金，又觉得老基金净值太高，会增加投资成本，所以最后还是选择了新基金。这几只基金的回报率都超过了6%，也算是一笔不小的收获了。

虽然也有投资失误的时候，但是大体上还是小有盈余。所以她的投资不减，反而大增了。平时，不是看财经报纸、杂志，就是仔细研读投资理财知识，这样她在投资领域越来越如鱼得水了。

她的投资领域相当广泛，不仅有股票、基金，还有债券、保险。一年下来，她的财富在慢慢增多。她现在已经成为办公室里投资理财的高手了，同时，她对生活和未来也充满了信心。

淑君的故事是一个女孩学投资的过程，那么年轻的女孩，你是不是也想在投资领域一显身手呢？来看看理财专家给大众的投资品种建议吧。

1. 储蓄35%

传统的储蓄是最保险的理财方式，即使利息可以忽略不计，还是保本受益的，所以大多数家庭还是愿意采取这种理财方式。尽管每个人各方面情况不同，但大体上还是有相通的地方，因此专家根据每个人的用钱结构在此给出储蓄的投资建议：

（1）随花随用的钱，即每月的必要生活开销，这部分钱可以存成活期。

（2）有固定收入的工薪阶层，可以留出适当的生活费，然后把钱用零存整取的形式储蓄起来。

（3）如果积攒下了一笔暂时不用的钱，可以做定期储蓄。

2. 国债30%

国债比定期储蓄收益率要高，且免征利息税，而且兑现也很容易，所以成为很多传统人士的最佳投资选择。但是凭证式国债有一个缺点，就是不到半年提前支取不计息。超过半年的国债如果提前支取，不像储蓄那样按活期计算利息，而是按各个档次分段计算利息，但提前支取要收取0.2%的手续费。

3. 集邮、币市10%

纪念邮票开始全部实行预订，不再向社会公开零售，所以邮票市场呈现出良好势头，但邮市行情起落幅度相当大。从币市禁止非法买卖人民币的规定出台后，钱币价格一跌千丈，但有跌便有涨，币市也有一定的回升潜力。

4. 保险10%

在购买保险的时候，要考虑多方兼顾，既能保重大疾病，又能有投资理财的功能，还能兼顾到养老，并且还可以在孩子缺少教育金的时候提供应急资金。所以买保险，是周全而专业的保障和呵护。不过，虽说保险好处多，但只有发生意外事故后才能给予赔偿，不像储蓄可以随时支取。所以保险不能不投，也不能过量。

5. 股票5%

股票在投资品种中收益率较高，但也有高风险，所以切不可压上自己所有的钱财。可以抱着长期投资的心态少量购买，即使被“套牢”，也不会影响自己的生活。

6. 其他10%

投资品种还有很多，如基金、债券、古董、书画艺术品、房地产等，都各有优缺点。你可以根据自己的爱好，不断调整自己的投资策略，找到最适合自己的理财组合方案。条件不具备时，也不要勉强投资。

21世纪，投资理财几乎成为举国上下的“全民运动”。那么，与时俱进的女孩怎么能与投资绝缘呢？很多女性通过投资，已经成为新时代的“小富婆”，如果你也有成为“小富婆”的梦想，就开始与投资结缘吧！

炒股，每天进步一点点

股市不是男人的天下，只要女人掌握了炒股的学问，加上天生的细心、耐心与实践，炒股也并不会比男人差。

在我国，目前“全民炒股”正在向一种疯狂的状态发展，学生、白领、保姆、老板、经理们都加入了炒股大军，好像举国上下都在为股市疯狂。人们之间的问候语也由“你吃饭了吗？”变为“你炒股了吗？”，似乎你不会炒股、买基金，你就像古代人一样。很难想象，过去对经济、金融有天生陌生和恐惧感的女性会一下子对金融产品感兴趣。她们能随口说出一大堆你不知道的“经济常识”，还会按照股神巴菲特指示的方法解读企业年报，她们的谈吐越来越“财经化”，可见股票投资已经深入国人的心。那么，还在懵懂中的女孩，你对股票知识懂多少呢？下面我们介绍几个入门级别的股票常识，女孩们可以大致领略一下股票的风采。

1．什么是股票?

通俗地讲，股票是股份公司为筹集长期资金而公开发行的一种有价证券，影响股票价格的一个重要因素就是公司自身的营运状况。

在投资股票的市场上有两种人，一种人是投机者，一种人是投资者，这两种人共同影响着股价。投机者往往注重一般市场因素以及上市公司的预期因素，以短期差价作为买卖股票的目的；而投资者则注重上市公司的内在因素，注重中长期投资收益，通俗说法就是“放长线钓大鱼”。

2. 什么是牛市？什么是熊市？

“牛市”，也称多头市场，是指证券市场行情普遍看涨，延续时间较长的大升市。股市中，后一个上升高点超过前一个上升高点，而每一个次级下跌的底部比前一个下跌底部来的高，那么主要趋势就是上升，即为牛市；反之，则为空头市场，也称为熊市。可以这样说，牛市的时候随便买股票都能赚钱，哪怕是垃圾股；熊市的时候买了股票就跌，长期无法解套。

3. 什么是K线图？

K线图是当前证券分析中的主要工具，又称蜡烛图，是我们分析股票的一个重要指标。它由一系列的柱体表示股价的高低及涨跌情况，清楚直观，在证券分析领域中有重要的地位。K线图中的柱体有阳线和阴线之分，一般用红色柱体表示阳线，黑色柱体表示阴线。如果柱体表示的时间段内的收盘价高于开盘价，即股价上涨，则将柱体画为红色，反之则画为黑色。如果开盘价正好等于收盘价，则形成十字线。

4. 几种股的定义

绩优股是指公司营运正常，获利水平高，过去的业绩与盈余有良好表现的股票，而未来的经营管理和利润仍稳定增长。

成长股是指其销售额与收益额在不断迅速增长，并且其增长速度快于国家整个行业增长速度的公司的股票。

防守股，这种股票在面临不确定性和商业衰退时其收益和红利分配却比社会平均的要高，具有相对稳定性。

亏损股，是指那些年度利润亏损的上市公司的股票。

另外，在股市中，有几个指数我们也要留意。它们分别是纳斯达克指数、道琼斯股票价格指数、普尔500种股票价格综合指数、香港恒生指数、上海证券交易所指数、深圳证券交易所指数、日经指数等。

股市不是男人的天下，只要女人掌握了炒股的学问，加上天生的细心、耐心与实践，炒股也并不会比男人差。但是在股票这个大市场中，有太多荣辱浮沉、悲喜交加的故事，女孩如果想要进行股票投资，就要掌握投资规律，要小心谨慎。

此外，现在越来越多的女孩开始关注基金，想借“金基”生金蛋。因为这种投资方式比起股票来要稳定得多，风险也要小很多。在对股票狂热的时候，不妨冷静地学点较为保险的基金知识；此外，还要学习其他投资，比如外汇、期货、股指期货、保险、债券、贵金属、收藏和信托等。女孩要做既爱金钱又会理财的“财女”，这样才能使我们的生活变得更有滋有味。

做任何投资都需要良好的心态

要想投资成功，就要学会控制人性的弱点，要学会修身养性，调整好自己的心态。

现代人几乎都有投资行为，那么为什么有人赔得吐血跳楼，有人却变成富翁了呢？成功的投资者最大的优势，或者成功的诀窍是什么？答案是，成功的投资者拥有良好的心态和“看准就做，看不准就休息”的运作准则。因为具有良好的心态，所以他们能在市场低迷或操作不利时仍去挖掘市场机会，等待最佳时机的出现。而搏击到最后，很多投资者之所以失败，万变不离其宗，失败的根本原因还是其不良的投资心态。

下面是几种不良的心态，正在投资领域搏杀的女孩可以对照一下，如果有的话，就尽量克服吧。以股市为例：

1. 很想在股市中迅速获利或获取暴利；

2. 对自己严格要求，不希望自己犯错误，恨不得一次就能做出正确的选择；

3. 很在乎别人对自己的评价，比如，“我赔钱了，别人会怎么看我”之类的；

4. 卖出自己的股票，最起码不亏本；

5. 我必须在股价降到最低时买进股票，或我应该在股价更低时才动手；

6. 我应该在更高的价位再出售；

7. 这一次一定要买对股票，好把上次的损失弥补回来；

8. 别人是高手，赚的多，他买什么，我就买什么；

9. 我不缺钱，所以套住就套住了吧；

……

有以上想法属于人之常情，谁都想在最高处卖出，最低处买进，但是，对于生手而言，这是很困难的事。对那些股神级的人物而言，还不可能每次都稳赚，何况对股票没有深刻研究的一般人呢?

投资与做其他事情是一个道理，都需要耐心。长期的耐心等待是投资理财的先决条件，这样的耐心不是一两天、几个月或几年就可以做到的，有时甚至需要一辈子。有人曾做过统计，巴菲特对每一只股票的投资没有少过8年的。巴菲特曾说："短期股市的预测是毒药，应该把它摆在最安全的地方，远离儿童以及那些在股市中的行为像小孩般幼稚的投资人。"

我们所看到的是许多人追涨杀跌，到头来只是为券商贡献了手续费，自己却是竹篮打水一场空。我们不妨算一笔账，按巴菲特的底限，某只股票持股8年，买进卖出手续费是1.5%。如果在这8年中，每个月换股一次，支出1.5%的费用，一年12个月则支出费用18%，8年不算复利，静态支出也能达到144%！不算不知道，一算吓一跳，魔鬼往往在细节之中。巴菲特常说的一句口头禅是：拥有一只股票，期待它下个早晨就上涨是十分愚蠢的。所以，投资理财对每个人而言，都是终身的事业。要学会有耐心地经营，你才能得到优厚的回报。

投资理财最忌讳盲从。有些人觉得某位朋友是理财高手，就会跟着他的理财方式走。其实个人理财应有自己的主见，别人的赢利模式未必适合自己。一定要根据自己对投资领域的分析和把握，加上个人的具体情况，来确定投资目标和投资模式。有些预测性信息也并非是完全科学的，因此，投资者要自己分析投资数据，一定要研究透所投资的股票，然后做出预测，积累实战经验。

此外，人性的弱点，诸如贪婪、恐惧、私心、面子、不稳定情绪化等，都会成为你投资失败的元凶。其中"贪婪"与"恐惧"是投资中最具危害性、也是最需要克服的人性弱点。人都想一夜暴富，买进一只股票，赚10%、20%还不过瘾，觉得非要翻番才愿离场。但是股市因为各方面原因，比如国家的政策和庄家的炒作等，都不可能出现连续性的走高态势，该离场时就马上离场，贪婪不离场很可能就会遭遇股市的低谷，到时不离场也不行了。1969年整个华尔街进入了投机的疯狂阶段，面对连创新高的股市，巴菲特却在手中股票涨到20%的时候就非常冷静地悉数全抛。"恐惧"则表现为对市场的畏惧和对自己遭受利益损失的畏惧等。此外，在该向市场承认错误时还怕丢面子，这样就会犹豫未决，错过最佳卖出机会，使亏损进一步加剧。

要想投资成功，就要学会控制人性的弱点，要学会修身养性，调整好自己的心态。

买房不是男人的专利

房子对女人而言是最忠诚的仆人，也是最具安全感的归属地。它不仅可以收容自己疲惫而受伤的心灵，还可以增值，让女性过上新生活。

在如今的社会，对独立的女性而言，房子是最可靠的情人。很多女性谈过多次恋爱，受过骗、更受过伤，对男人、对爱情的信心越来越少。于是，给自己买房子，为自己的身心找一个安稳可靠的小窝就成了很多女性婚前的行为。对她们而言，“即使一辈子也遇不到那个人，至少，我还有一套房子”。

她们根本不理会“自己买房，会给男方造成很大的压力，而使自己结婚的机会减少”这一套传统理论，因为房子带给她们的安定感和踏实感要比一个男人能带给她们的多得多。

婷婷对房子的酷爱是从三年前那场失败的恋爱开始的，在那以前，她一直认为买房是男人的事，她也一直相信只有这个男人才能给她一个安稳的家。但是这个男人还是厌倦了自己，玩起了“劈腿”的游戏，这让婷婷痛不欲生。连续两年的时间里，她都是在无尽的黑暗中度过的，也像其他女孩一样用疯狂购物、疯狂吃东西、疯狂工作来填补受伤的心灵。

之前她就有看房的习惯，因为她一直觉得在陌生的城市有一套属于自己的房子、结束租房的生涯，是人生很重要的事，因此她没事时就去看房。在一次看房时，她无意中看到这样的楼房广告语：“忘了他，开创新生活。”“爱情易碎，买房万岁。”这两句话她在心中默念了几天之后，就决定要买房，尽管当时她只有很少的积蓄。她相信房价只会涨不会跌，崩盘的可能性太小了，现在买，三年后还可能增值呢！

于是，她拿出了自己几年来的所有积蓄和投资所赚的钱，向父母、亲戚、朋友们借了钱，就付了首付。有了房子的婷婷更加脚踏实地工作赚钱了，恋爱的阴影也慢慢退却了，她的生活终于又有了阳光。

除了更加卖力赚钱还房贷、还亲朋好友的钱外，婷婷还开始研究室内设计。尽管房子很小，但她对房子倾注的热情和爱让她的小家充满了温馨的味道。

每当婷婷因为工作上的事心情不好时，就会去自己的小窝住上几天，让自己的身心得到彻底的放松和平静。

房子对女人而言是最忠诚的仆人，也是最具安全感的归属地。它不仅可以收容自己疲惫而受伤的心灵，还可以增值，让女性过上新生活。

英国女作家伍尔夫曾对女性说过：“女人的独立是从拥有自己的房间开始的。”“女性要超越不平等，首先得有一间自己的房子。这房子不仅包括适当的物质条件，而更主要的是女性完全可以自己主宰自己的心灵。”

买房绝不是男人的专利，现代女性独立拥有自己的房子，这不仅是社会物质的进步，更是女性思想的进步。但是，女性在35岁之前买房要谨慎，买房之前最好不要买车，买房要在买车前。因为房子是生活必需品，而车子则可有可无。如果在买完房之后还有财力去买车，那也无可厚非。但是如果超出自己的财务能力去买车，就很不划算。建议把买车和养车的钱省下来，去买不动产和基金进行投资，这对未来改善你的财务状况会有很大的帮助。还完购房贷款后再去买车来享受生活，才是理财的上策，不然你就会成为房奴、车奴了。

为你的人生加一道保险

无论是从生活与工作的压力上考虑也好，还是从晚年的幸福、人生的变数上着想也罢，女性都应该有为自己购买保险的意识，这样的人生才相对安全、安稳些。

随着现代女性的独立，女性在社会中扮演的角色日益增多，可以说丝毫不亚于男性。既要做自己事业的大忙人，还要做家里的女管家、女主人；既是领导器重的好员工，又是老公不可或缺的贤内助，更是养育孩子的好妈妈。现代女性经常在这些角色中快速转换，角色多重，压力无疑也是多重的。根据世界卫生组织在我国的最新调查显示，48.5%的白领女性同时患有包括宫颈疾病在内的3种或3种以上的妇科病。妇科疾患已成为隐藏在女性体内的“定时炸弹”，所以女性的身心，要承受更大的压力和更高的罹患疾病的风险。

女性朋友们都比较关注演艺圈，那么就应该知道很多耀眼的明星皆因为各种各样的身体疾病香消玉殒了。远有芳华绝代的梅艳芳、“林妹妹”的扮演者陈晓旭，近有《情深深雨蒙蒙》中饰演方瑜的女演员李钰、著名歌手阿桑，她们有的30岁出头，有的40岁出头。无疑，她们的逝去给我们留下了很多遗憾，但是更为广大女性敲响了警钟。身处激烈的社会竞争中，二十几岁的女性，如果不幸患上哪种疾病，那么就在劫难逃了。有人笑谈，现代女人有三大烦恼：一是活得太久，自己要钱用；二是走得太早，家人要钱用；三是中途波折，大家要钱用。虽然是笑话，但是如果从保险的角度来看，每个二十几岁的女人在人生的各个时期都必须为自己做好“风险保障”，让保险成为你人生各阶段的生命屏障。

保险的意义不亚于买房子，房子让你感到安心、对你绝对忠心，保险也一样，它也是让女孩绝对放心的依赖。

无论是从生活与工作的压力上考虑也好，还是从晚年的幸福、人生的变数上着想也罢，女性都应该有为自己购买保险的意识，这样的人生才相对安全、安稳些。所以，不必再对推销保险的人退避三舍了，从现在开始，你需要了解一些保险方面的知识，也可以自己找找保险方面的资料研究一下。

下面我们提供一些保险方面的常识，你可以学习、借鉴一下。

1. 了解保险公司

保险公司是经营风险的金融企业，《保险法》规定，保险公司可以采取股份有限公司和国有独资公司两种形式，除了分立、合并外，不允许解散。所以，大可放下门第之见购买保险，但重点要看公司的条款是否适合自己，售后服务是否值得信赖。

2. 量入为出买保险

作为一个理智的二十几岁女性，应该根据自身的年龄、职业、收入、身体状况等实际情况，力所能及地适当购买人身保险，既要在经济上有能力长时期负担，又能使自己得到应有的保障。

有些女性为自己投保了数份保险，其年缴保费常常在几千元甚至万元以上。而生活经验告诉我们，一个人的经济收入受到很多因素的影响，很难维持一成不变的水平。二十几岁的女性收入多半不稳定，一旦将来经济收入情况变差，就很难继续缴纳高额的保险费，到时如果退保就会造成损失，不退保又实在难以维持，会处于两难的尴尬境地。

此外，大多数女性也不希望以发生意外来领取保险赔偿金致富。因此，我们有保险的需求，但是并不需要花太多的钱用来购买保险。

3. 不是每个女性都需要寿险

投保寿险如果是为了保障家人的生活，那么，可能不是每个人都需要买寿险。因为寿险是保障依赖他人收入而生活的人，如果没有人依赖你生活，基本上不用买寿险，应购买医疗险或意外险。

4. 选择合适的保险公司的产品

保险要提供几十年的服务，保险公司的实力、信誉、条款、售后服务等至关重要。购买前应了解公司的基本情况，如经济性质、注册资金、业务开展情况、理赔情况等等。

保险是一种特殊商品。一件衣服或一套家具买来了，如果不喜欢可以不穿、不用，也可以送人，而保险不能转送。有些人买保险，是因为和保险推销员是朋友或亲戚关系，本不想买，但碍于情面，只好硬着头皮买下；或是不看条款，光听介绍，盲目轻信，买后才发现并不适合自己，结果是不退难受，退了经济受损也难受，出了问题更难受。

保险的种类有很多，应根据自己的实际情况选择自己最需要的。比如，同是养老保险，有的是在交费时就确定领取年龄，有的是在领养老金时才确定；有的是按月领取，有的是按年领取；有的是一次性领取，有的是定额领取，有的是增额领取。同是防重大疾病保险，有的观察期是180天，有的是1年，有的是3年。如果仅凭一时冲动投保而没有相互进行比较分析，往往不能买到合适的保险。

人生经不起太长的等待，谁也无法预知未来。女孩，为了完好地保全自己，为你的人生加一道保险，也是为你的幸福加一道保险，那么心动就立即行动吧！

智慧篇

二十几岁，经营自己的人生和事业

每个人的人生都有其各自的特色，他人再光鲜的人生也不是你的。所以，聪明的女孩不会做他人的复制品，她们会演绎自己的人生，干自己想干的事业。因为她们知道，自己是几十亿人口中的独一无二，无论自己成为怎样的人，都是与众不同的角色。这样能够充分认清自己价值的女孩无疑是智慧的，早在二十几岁时，她们就会着力于打造自己；在选择方面，她们往往多的是一份谨慎；在方法选取上，她们更善于斟酌……

早点学会“世俗”，早点拥有幸福

爱情是实实在在的东西，需要有面包的支撑，因为只有营养充足的爱情才能固若金汤。

拥有明确的目标对人生的成功和幸福很重要。《潜伏》里的每个人都有追求，譬如余则成的革命信仰，站长对钱的贪婪，马奎和陆桥山要当副站长的权利欲……虽然或高尚或低劣，但这些都是大志向，都是很明确的目标，他们都为了自己或短期或长期的目标奋斗着。

在残酷的现实生活中，尤其在职场上，若没有一个明确的奋斗目标，就不可能进取地往上爬，到最后只能是跑龙套，成为别人的牺牲品。所以，人生不能没有目标，人不能没有志向。

但有些女孩会说：“我就是不知道自己毕业以后要干吗，我感到很迷茫。我没有什么追求，我也没有什么人生目标。”想必这种迷茫的心情，很多女孩都会有。女孩，你如果真的没有什么目标、没有什么追求的话，那就为赚钱而奋斗吧。因为归根结底，人所有的行动都离不开金钱，金钱很大程度上也是衡量个人价值的一种尺度。所以，为了金钱而努力，也是没有追求的追求、没有目标的目标。

可能有些女孩会说，这样就会沦为金钱的奴隶，会很庸俗、很世俗。

但是女孩，也许在二十几岁看来这是很世俗的表现，但是为了你的后半生少劳碌，能活得轻松和安稳，能靠近幸福，就应该在二十几岁的时候学点世俗的智慧。归根结底，凡人都不能免俗。

蔚蓝经不住文艺青年小雨的贴心呵护嫁给了他。尽管婚前蔚蓝就知道小雨没有钱，只知道唱歌跳舞，但是她还是如所有怀春少女一样，认为爱情可以战胜一切，有感情就算吃糠咽菜也是甜的，所以她一头扎进了小雨的怀抱。两人住着平房，午餐也是5元的标准，去旅行时睡候车厅是常有的事。这些在清纯的、心里充满爱情甜蜜的蔚蓝看来，是很浪漫和充满文学色彩的事。但是在他们的女儿出世后，各方面的生活开销陡增，而小雨还是沉浸在写诗歌、写散文的闲情逸致中，面对这样没有多少上进心的丈夫，蔚蓝猛地清醒过来了。她发觉一家三口的重担全然落在了自己的肩头上，丈夫那点儿微薄的工资还养活不了他自己，何谈养家糊口呢？她开始后悔自己当初不务实的选择。

在参加毕业五年后的同学会上，同学们都说蔚蓝有了岁月的沧桑。其实蔚蓝清楚同学说这话的深意，就是说自己老了许多，只是话说得越委婉，越像一根刺狠狠扎进了蔚蓝的心里。蔚蓝在思索：“难道这就是当初口口声声说让自己幸福的男人吗？”与丈夫多次沟通无效后，蔚蓝只能忍痛结束这段不成熟的婚姻。

女孩，我们相信世间有爱情的存在，但是这里所说的爱情并非童话世界里的爱情，并非不食人间烟火的爱情。爱情绝不是一个存活在真空里的东西，爱情本身带有很多附加值，面包不过是其中之一。伴随爱情而来的还有很多，例如身高、相貌、年龄、人品、学识……爱情是实实在在的东

西，需要有面包的支撑，因为只有营养充足的爱情才能固若金汤。所以，世俗地选择面包并不可耻，只是务实的表现，这对于二十几岁的女孩来说是件好事。女孩只有务实了，才会懂得怎样生活；只有找到有能力拥有面包的爱人，和他共筑爱巢，你才能过得快乐而潇洒，才能做个幸福女人。贫贱夫妻百事哀，当两个人终日为了钱而苦恼、争吵的时候，还有什么心情去谈情说爱呢？

“物质女人”至少热爱生活，接受新事物快，能够欣赏物质文明给人们带来的快乐；“物质女人”会“攀龙附凤”，打开自己的人脉圈；“物质女人”长袖善舞，在职场上顺风顺水；“物质女人”也是时尚女人中的主力军，她们是人间一道美丽的风景，不仅身边的男友觉得有面子，还能赢得同性的欣赏。她们一边享受物质，一边提升自己的品位和眼光，这样的女人才是最潇洒、最豁达、活得最滋润的女人。

所以，二十几岁的女孩，为了不让自己的下半生充满遗憾，不疲于奔命，就要学点“庸俗的智慧”。早一点世俗，早一点成熟，早一点理智，你就会早一点过上惬意的幸福生活。

给自己一个至少三年内要达成的目标

优秀的人并不是一开始就优秀的，成功的人也并不是一开始就成功的。他们的优秀和成功，在于他们的思维习惯和价值取向，在于他们有明确的目标和追求，在于他们不甘于平庸、不甘于过平凡的生活。

在毕业三年后的同学聚会上，苏芒独自一人坐在角落里，一脸的迷茫。同样出自同一所学校、同样毕业三年、同样的年龄、同样的学历、也都同样没有多少工作经验，为什么同学们好像都比自己发展得好呢？同学中，有的进入了外企的管理层，有的成了公司不可替代的、独当一面的骨干；而自己，却总是处在社会的最底层，一直以“三无”人员（无房、无车、无银子）的身份漂着。看着耷拉着脸的苏芒，她的大学好友萧然握住了她的手说：“因为他们在进入一个公司时都有很强烈的企图心，他们对自己都是有严格要求的。他们目标明确，比如班长，进外企时就锁定他三五年后想坐的职位了，这三年，他都是为了这个目标和职位而高效运转着的。而你，对自己根本就没有要求，以为只要靠着男友就行了，只是要求有一份体面的工作就行了。就算在公司你仅仅是枚小螺丝钉，你都没有任何怨言。一切按既定的工作程序日复一日地走着，也得过且过地过着。正是因为你没有追求、没有目标、甘于平凡、甘于平庸，才使得三年后的自己变成现在这样。”听完好友的肺腑之言，苏芒若有所悟：是啊，自己对工作的期望值和工作的努力程度与同学们都不同，今天混成这样确实是自己造成的！

今天，你有什么样的追求，选择什么样的目标；明天，你就会有什么样的生活，就会有什么样的人生。优秀的人并不是一开始就优秀的，成功的人也并不是一开始就成功的。他们的优秀和成功，在于他们的思维习惯和价值取向，在于他们有明确的目标和追求，在于他们不甘于平庸、不甘于过平凡的生活。

哈佛大学曾经对一群年轻人做了一个长达25年的、以“目标对人生的影响”为主题的跟踪调查。调查发现：那些思想悲观消极、经常抱怨社会抱怨他人的人，往往是生活在社会底层的人。这些人没有目标，他们占了27%；那些目标不清晰的人处于社会的中下层，他们占了60%；那些有比较清晰的、短期目标的人，是各行各业的专业人士，他们占了10%；剩下只有3%的人有十分清晰的长期目标，并为之不断努力，他们通常是社会各界顶尖的成功人士。

可见目标对一个人成功与否有重大影响，但是现实生活中还有很多女孩不清楚这一点。她们就如同迷茫中的苏芒，如同河中随波逐流的水草，迷迷糊糊地上了大学，迷迷糊糊地参加了工作，又迷迷糊糊地结婚生子，这一辈子就在迷迷糊糊中度过了，这样迷糊的女人永远不会取得事业上的成功。还有一些女孩，她们有理想、有抱负、不甘心在家“相夫教子”，当下海热遍布全国时，她们毫不犹豫地下海；当出国风光时，她们挤破脑袋也要走出国门镀金；当公务员热兴起时，她们又忙着考公务员……这种女孩生活得忙忙碌碌，看似充实，实则毫无头绪。

女孩，为自己确立一个明确而长远的目标吧！在走进社会伊始，不妨先冷静地问一下自己：我喜欢什么？我的优势是什么？未来三到五年我想过什么样的生活？如果二十几岁了还没有问过自己这几个问题，也就注定你只能迷迷糊糊地过一辈子了。

心有多大，舞台就有多大。虽然我们都是平凡人，也许并不想成为一个非常成功的人，但是毫无疑问，一个具有明确生活目标和思想目标的女孩，会比一个根本没有目标的女孩更有作为。所以，二十几岁如花年龄的女孩，不甘于平庸的女孩，一定要有一个明确的目标，知道自己喜欢什么、想做什么，明白自己能做什么、想过什么样的生活。这样才能发挥自己的智慧，让目标如同你人生路上的指路明灯，指引着你成为强者、走向成功。

有了追求和目标，我们才会付出自己全身心的力量为之奋斗，这样我们的生活才会更甜美，生命才更显可贵。

定位自己比努力更重要

人生的变数和波折太多了，防不胜防。只有根据形势做出相应的改变和调整，才能成长，才能成功。在多变的社会中，人能把握、能控制的唯有自己。只有自己成长了，才会成功。

和和与美美都是市场营销专业毕业的应届大学生。大学同一个宿舍，大学期间他俩就经常形影不离，食堂、图书馆、自习室总能看到两个人在一起的身影，所以毕业后两个好姐妹就想继续在一起。幸运的是，老天还真把她们安排在了同一家公司。她们虽然学的是市场营销专业，但是没有多少营销方面的工作经验，所以公司安排她们两人先从销售助理开始做起。能被同时录用，这对小姐妹就已经很高兴了，但是短短半年的时间就出现了问题。美美是个性格活泼开朗的女孩，所以进公司半年就签下了几个大客户，被提升为销售主管；而和和性格内敛，稍微内秀了点，不善于与客户沟通，这样半年下来，也没签下多少单子，有的单子还是美美仗义让给她的。美美的升迁让和和心里很不舒服，虽然是自己最好的朋友，但是原地踏步的感觉真的让她很不爽。与和和四年半的交情，美美早已把和和的心思猜透了，她就把和和约出来，希望能打开和和的心结。上大学时起，每次两个人有了矛盾，美美都是握住和和的手，给她分析道理，这次也是如此。她握着和和的手，对一身学生样装扮的和和说："你看你，都毕业半年多了，还和上学时一样，穿着宽松的休闲服、运动鞋，还梳着马尾辫。你还没有进入社会，你还没有进入你的工作角色。"和和也打量着美美，发觉美美的打扮的确给人很干练、很职业化的感觉，但是和和觉得那种打扮太成熟了，她只是不好意思说自己的朋友而已，没有想到今天被好友直接说了出来，她陷入了沉思。美美轻轻松开了和和的手，在一旁继续说："以前公司有聚会，我还约你，我就是想让你多认识些人，发展成你的客户，但是每次你都认为聚会就是瞎聊、瞎玩。其实聚会是我们建立人脉的场所，我们做销售的做的就是与人打交道的工作，你最大的失误就是拒绝这种沟通，拒绝与人交流，你现在估计还没有做销售的感觉吧？你现在估计还把自己当学生看待呢吧？"

一周后，和和向公司递交了辞呈，她觉得自己的性格不适合做销售。后来，经过笔试、面试，她成了一所中学的语文老师。凭着扎实的文史知识和良好的教学成绩，她得到了学生们的爱戴，也被纳入了学校的正式职工编制。又过了几年，和和成了学校的骨干，进入了学校的管理层，而自己的好友美美也成了原公司在华南区的销售总监。

女孩，要想成功，就要明确自己的所长，也要正视自己的所短，并下苦工弥补不足。美美的成功得益于她开朗外向的性格，更得益于她明白自己的所长；而和和刚开始遭遇的挫折和失败，源于她不知道自己的所长，不知道自己的性格适合什么样的工作，只想着与好友在一起工作，导致走了半年的弯路。幸运的是，在和和事业初期，她的好友美美能果断而中肯地指出和和的不足，让她看清自己，最后两姐妹都走上了成功的职业之路。人没有生来就完美的，人生就是一个利用长处、弥补短处的过程。

世界上所有的事情，都充满了变数。男人会变，女人也会变，甚至职场上的定位可能也会变。也许工作做着做着，某天就悟出了什么人生道理，比如弃医从文的鲁迅，也比如放弃如日中天的主持人工作出国留学的杨澜。

杨澜说过自己经历的一件小事，正是这件小事让她下定决心离开央视。

有一年的春节联欢晚会，共有6名主持人参与彩排。多次彩排后，导演组突然决定不用其中的一位主持人了。这位主持人当时还不知情，也没有人通知她。当她兴冲冲跑去化妆间找化妆师化妆时，化妆师说主持人名单中没有她的名字。这位主持人顿时呆若木鸡，最后黯然离去。杨澜看着她离去的背影，联想到自己未来的情形：如果没有机遇垂青和合适的平台，有多少成功可以算是你个人的成就？敏感的杨澜顿时清醒了许多，不管今天拥有多少鲜花和掌声，明天同样是个未知数。

人生的变数和波折太多了，防不胜防。只有根据形势做出相应的改变和调整，才能成长，才能成功。在多变的社会中，人能把握、能控制的唯有自己。只有自己成长了，才会成功。所以，女孩，一定要时刻清醒地把握好自己。每个阶段都要先给自己一个准确的定位，这样才能清晰地观察周围，无论身处什么境遇，只要知道自己是谁，一切就都有希望。

定位好自己，然后不断地超越自己，无论做什么都要精益求精，不断学习，这样才能成长，才能一直进步，才能担得起重任。

你总有一样要拿手

无论什么时候开始学习都为时不晚，只要你坚持学习，不放弃努力。记住：不行动永远也无法成功，什么也不做，成功的概率为零。

在中国这样的传统社会，想要有所作为，上大学、走读书的路是没错的。首先，当今社会招聘，没有哪个企业愿意用高薪去聘请一个没有多少社会经验、没有文凭的人。除非你有一手绝活，那就另当别论。其次，在中国，不读书、没文化的人一般都生活在社会的最底层。那些没文化的人成为农民企业家的案例也都是20世纪80年代的事了，上大学仍然是接受教育、增长才干的最佳平台。但是，很多大学生在毕业后会发出这样的感叹："我什么都没有学会，什么都没有学到，我不知道我的简历该怎么写。"很多大学生还会抱怨读大学没什么意思。每个人在大学里都有不同的过法：有的人在这里学到了扎实的专业知识，为进入社会做好了准备；有的人学会了怎么做人，怎么处事；有的人浑浑噩噩地过了几年，白白虚耗了几年的青春。在这里，我们想对初入社会的女孩说："在社会上漂泊得很辛苦的人，大都是在校园里虚度学业的人。"看看一个女孩在网上的留言吧："我今年毕业，专业学得不精，没有多少工作经验，找不着好工作，待业在家，觉得很不好意思。我觉得不能养活自己，真是奇耻大辱！"难道你也非要在社会上吃几年苦，经历过一番挫折后，才知道要把某一专业学精吗？虽然有酸有甜、有苦有辣才是有味的人生，但是女孩，有些苦你是没有必要吃的，又何必走弯路、让自己饱受身心的摧残呢？

女孩，如果你浑浑噩噩了几年，或者念书不多，没有增长多少实力，那么从现在开始赶快学习一技之长吧。李开复曾经说过："将来用到的专业知识都是自学而来的。"如果有了在大学里学到的基础性知识做根基，你在工作中自学时会更畅通无阻。无论什么时候开始学习都为时不晚，只要你坚持学习，不放弃努力。记住：不行动永远也无法成功，什么也不做，成功的概率为零。所以，女孩，赶紧行动吧！没有一技之长，你在社会上将永远没有立锥之地。

一个10岁的小男孩，在一次车祸中失去了左臂。学柔道是他从小的梦想，父母最终拗不过小男孩的请求，为他请来了一位日本柔道大师。但是师傅只教他一招，小男孩很疑惑，于是就鼓起勇气询问原因。师傅充满慈爱地对小男孩说："你只需要会这一招就够了。"小男孩并不是很明白，但还是日复一日地苦练着。

师傅第一次带小男孩去参加比赛，小男孩知道后欣喜若狂。但是他也很担心，因为他只会一招。"一招真的就可以制敌吗？"小男孩心里也没有多少底气，但是他没有想到自己居然轻轻松松就赢了前两轮比赛。第三轮比赛对小男孩而言有点艰难，因为他面对的是一个身材比他高大、强壮的选手。但小男孩已经有了自信，他又一次敏捷地施展出自己的独门绝招，又赢了。小男孩虽然赢了，但他心中还是有很多问号：自己就会一个招式，居然还能取胜？于是，他又像上次那样鼓起勇气向师傅说出了心里的疑惑。师傅笑笑，答道："有两个原因：第一，为师教给你的这一招是柔道中最难的一招，你几乎已经完全掌握了；第二，据我多年研究，要想破解这一招，唯一的办法就是对手抓住你的左臂，而这对于你的对手来说是不可能的。"

女孩，看了这个故事，你会有什么感想和启发呢？或许有人会说，这个师傅是对症下药，教给徒弟的招数是最适合他学习的技能，才使得小男孩把最大的劣势转变成了他最大的优势。这种说法也无可厚非，但是别忘了最重要的是人为因素，也就是小男孩苦苦练习了这一招。这一招相当于小男孩的独门绝技，只此一招，就足够他用来防身、赢取比赛了。所以，女孩，尤其是刚走出校门的女孩，你的核心竞争力是什么？如果你还没有学到专业本领，就赶紧向这个小男孩学习，练就一门看家本领吧！如果你能像小男孩那样学有所成，那么你一定能适应知识经济的发展步伐，找到属于自己的优势，找到施展个人才能的舞台。

相信“一切皆有可能”

女孩，有时不是别人埋没了你，埋没你的正是你自己！在做一件事之前，不妨问问自己：我有没有独特的才华做这件事？我有没有热情去做这件事？这件事对别人、对自己有没有好处？如果答案都是肯定的，那么就大胆去做吧。

说到“一切皆有可能”这句广告语，相信大家马上就会想到李宁，想到他的体育用品公司，可见李宁这个品牌是多么深入人心！

李宁，这个昔日的体操王子退役后，压根就没有想过自己有朝一日会成为受人景仰、受人崇拜的企业家。李宁这个名字曾与拳王阿里、球王贝利、飞人乔丹一起，被评选为“20世纪世界最佳运动员”。但是当这个最佳运动员离开自己擅长的、与自己生命息息相关的竞技场后，他和所有人一样，都是普通人。虽然有运动员的光环，但他比一般人更迷茫，他觉得自己只能办体校，做教练教别人体操。无论怎样，他献身中国体育事业的决心不会改变。但是他的教练制止了他办体校的想法，认为献身体育事业的想法固然不错，但是一定要有经济做后盾，这才是稳定而长远的发展思路，要靠搞经济来促进体育的发展。在教练的点拨下，李宁开始进军商界打拼。

对没有多少经商经验的李宁来说，唯有加盟别的公司，学到自己想学的一切，才能实现自己的体育事业梦想。于是，他加入了健力宝公司，在这里学习公关宣传、市场策划、筹办运动服装厂等工作。其间，他的策划成功地让健力宝公司一年的销售量突飞猛进，他的商业能力开始受到人们的关注与肯定，成功地展示了自己的能力。这让李宁更加坚信一分耕耘一分收获，也使李宁变得更加自信！

不久，经过一番商海历练的李宁就自立门户了。“推动中国体育事业，让运动改变我们的生活”是李宁有限公司成立的初衷，李宁有限公司从不放弃任何努力以实现这一使命。1990年赞助北京亚运会中国体育代表团，开始了公司的经营业务；1992年巴塞罗那奥运会，“李宁牌”被选为中国体育代表团专用领奖装备，从而结束了中国运动员在奥运会上穿着国外体育品牌服装的历史。经过一二十年的发展，“李宁”早已成为中国体育用品的第一品牌。现在，李宁正领导着自己的公司，向品牌国际化的目标阔步迈进……

从李宁由运动员向企业家成功转变的过程，李宁用自己的亲身经历实践了“一切皆有可能”的口号。所以，只要肯付出艰辛的努力，奇迹是可以发生的。正如鲁迅先生所说：“伟大的成绩和辛勤的劳动是成正比的，有一份劳动就有一份收获。日积月累，从少到多，奇迹就可以创造出来。”

看了李宁的故事之后，女孩，把“不可能”从你的字典里删除吧！永远不要让自己接受这些消极的心理暗示，没有什么是不可能的，相信自己，就是相信奇迹！阿基米德曾说过："给我一个支点，我就可以把地球撬起来。"这并不是他狂妄，也不是他胡言乱语，按照杠杆原理他完全可以做到。

靳羽西被国际媒体评为"中国最有名的女人"，为什么一个女人会获得这样的殊荣呢？我们来看一下她的事迹就可以知道个中缘由。

靳羽西生于中国桂林，青少年时代在香港度过，后来在美国纽约定居。1984年，她在美国成功地主持了中华人民共和国建国35周年的庆典实况，因而在美国一举成名。1985年，靳羽西为了拍摄《看东方》电视系列片，她花光了自己多年的积蓄。但是上天回报给她的是无数个第一：她是拍了中国冰雕，把它介绍给外国人的第一人；她是第一个到中国的最北端黑河，拍摄中俄边境风景的人；她是第一个获准进入中南海，拍摄毛泽东旧居的人；她是第一个为中央电视台拉广告的人；她是第一个把中国的现状介绍给美国的人；她是第一个创造适合亚洲女性肤色化妆品的人……

能够创造这么多的第一，这是何等的魄力！她的魄力来自哪里？那就是相信自己，相信没有什么是不可能的。她敢于大胆尝试，很多女人之所以没有取得成功，就是因为她们不敢尝试，觉得别人没有做过的事肯定存在风险；就算别人做成功了，那也是别人的成功，自己做未必会成功。抱有这样想法的女人，永远都不会成功，因为她不相信自己可以做到，她就真的不会做到，奇迹在她身上就永远不会发生。女孩，有时不是别人埋没了你，埋没你的正是你自己！在做一件事之前，不妨问问自己：我有没有独特的才华做这件事？我有没有热情去做这件事？这件事对别人、对自己有没有好处？如果答案都是肯定的，那么就大胆去做吧。没有冒险的人生是无味的人生，到年老的时候，会让人后悔万分。女孩，唯有抱着“一切皆有可能”的信念，你的人生才会越活越精彩。

选择比努力更重要

人一生中最大的幸福在于选对两件事：一是找对自己喜欢的行业，找对自己想做的工作，找到自己的事业；第二件事就是找对自己的另一半。如果选错这两件事，我们的人生会是充满缺憾的人生！

相较于男性，社会对女性的要求相对宽松点。很多女孩会说：“我挣什么大钱啊？我能有份轻松体面的工作就满足了。”有的女孩还想过不劳而获、依赖男人的生活。但是女孩，你要知道，想过得安心、舒心，说到底还是要靠自己。

21世纪的女孩大都是有思想的人，相信大部分二十几岁的女孩头脑中都构想过自己以后的人生。但是也正因为年轻、少不更事，走弯路的情况才会时有发生。这时，女孩，你就要停下来反思一下自己的人生了，思考一下“我究竟想要什么样的生活”，是不是该重新做选择了。选择对了，人生诸事就会很顺遂；选择错了，再多努力也白费。

比尔·盖茨遵从父母的意愿，考入美国最高学府哈佛大学攻读法律专业，因为父亲是律师，父亲想让他传承自己的衣钵。但是，比尔·盖茨就如同现在的年轻人一样，很迷恋计算机。他觉得自己再在这所顶尖学府待着，继续学自己没有兴趣的法律专业，简直是浪费自己的生命，于是就萌生了从哈佛退学的想法。毫无疑问，比尔·盖茨的父母是坚决反对的，他的母亲为此还专门找了一位著名的商业领袖——萨穆尔·斯托姆，请求他说服比尔·盖茨放弃退学的念头。但是这位商业领袖也被比尔·盖茨侃侃而谈的创业理念和伟大梦想所感染，所以他最后“倒戈”，不仅没有劝阻盖茨，还鼓励他好好干、争取干好。

试想，如果当时比尔·盖茨没有说服父母和那位著名的商业领袖，而选择放弃自己的梦想、放弃自己感兴趣的行业和方向，那么当今世界首富的传奇故事还会存在吗？我们还能这么方便地享受互联网带来的便利吗？

还有一个故事也可以说明正确选择对人生的决定性意义。

一位中国留学生很喜欢拉琴，但是初到美国，没有钱可以让他去高等学府深造，连自己的生活费都是个问题。被逼无奈，他只好去街头卖艺。这就像摆地摊一样，必须有好的地盘、好的地段才能赚钱。幸运的是，他与一位黑人琴手一起，争取到一个最能赚钱的好地盘。这个好地盘就是一家银行的门口，那里有很多人。过了些时日，他积攒了足够他继续深造的钱，就选择了去音乐学府进修。他觉得街头卖艺挣的钱虽然不算少，但是去音乐学府学到的东西更多。在音乐学府里不仅可以拜师学艺，还可以和琴技高超的同学们互相切磋，这对提升自己的琴艺和音乐素养很有帮助。于是，他告别了他的黑人朋友，去实施自己的计划，为自己更远大的目标和未来铺路。

10年后，这位留学生果然成了知名的音乐家，他献艺的地方都是在著名的音乐厅。而他经过那家银行时，那位黑人朋友还在拉琴，表情一如往昔。

按照美国的自由文化价值取向，每个人都有自己的活法，黑人朋友的选择也不为过。但是按中国出人头地的主流价值观取向，这个留学生的选择就很值得年轻女孩效仿。因为通过这次选择和不懈努力，他终于实现了自己的远大抱负和理想，而这两位琴手截然不同的命运，就在于那次选择。

想过美好生活的女孩，在人生的每个关口都要谨慎选择。你今天的选择不仅决定你三五年后，甚至决定你十年、二十年后的生活。虽然人生未必如棋，一步都不能走错，但是一定要尽量避免错误的选择。人一生中最大的幸福在于选对两件事：一是找对自己喜欢的行业，找对自己想做的工作，找到自己的事业；第二件事就是找对自己的另一半。如果选错这两件事，我们的人生会是充满缺憾的人生！

选你所爱，爱你所选，跟随自己的心意做选择吧。这样你才能对所选的工作或人全身心付出，才会少走一点弯路，不耽误自己的人生。

方法比勤奋更重要

当今时代，任何成功都离不开正确方法的指引，方法比勤奋更重要。一个人如果有了明确的目标，再辅之以正确的方法，那成功也不过是自然而然的事情了。

文学家说，勤奋是打开文学殿堂之门的一把钥匙；科学家说，勤奋能使人聪明；而政治家则说，勤奋是实现理想的基石。我们从小就熟知“天才是2％的灵感+98％的汗水”“学业的精深造诣来源于勤奋”这两句话，无可否认，勤奋是成功的阶梯，是通往成功的必经之路。晋代著名书法家王献之写字，用尽18缸水，终于成为一代书法大师；李时珍花了31年，研读了800多种书籍，写下了上千万字的笔记，游历了7个省，收集了成千上万个单方，为了了解一些草药的解毒效果，还亲自吞服了一些毒性剧烈的毒药，最后终于写成了中国医药学的辉煌巨著——《本草纲目》；爱迪生为了发明我们现在使用的电灯，阅读了大量资料，仅笔记就有四万多页，他试验过几千种物质，做了几万次实验，最终才发明了电灯；法国籍波兰著名物理学家居里夫人，历经12年的实验，不怕挫折失败，从几十吨的矿物中提取了几克镭……像这样通过勤奋走向成功、勤能补拙的例子不胜枚举。

但是，仅有勤奋是远远不够的，成功不可能完全依靠勤奋。爱因斯坦曾经提出过一个著名的成功公式：W=X+Y+Z。这里，W代表成功，X代表勤奋，Z代表不浪费时间、少说废话，Y代表方法。从这个公式中可以看出，正确的方法是成功的三要素之一。如果只有勤奋刻苦的精神和脚踏实地的作风，而没有正确的方法，不能说很难取得成功，至少成功的速度是缓慢的。就我们上学时最头疼的事就是背英语单词，如果光靠勤奋死记硬背，而不去发现英语词汇的内在规律，那就会很浪费时间，还学不好这门学科。可见，正确的方法是提高解决问题的效率的重要因素。

下面我们来看两只蚂蚁的故事。

两只蚂蚁想翻越一堵墙，到墙那边去寻找食物。

一只蚂蚁来到墙根，什么都没想，就毫不犹豫地沿着墙根向上爬去。当它爬到一大半时，由于劳累、疲倦而跌落下来。可是它并没有气馁，在一次次因为各种原因跌下来之后，又再次爬上去，屡跌屡爬，它不断地迅速调整自己，不断地重新开始向上爬去。

另一只蚂蚁也很饿，也很想早点儿爬过墙去，但它还是先细心察看了一下地形，最后决定绕过墙去。这只蚂蚁很快就绕过了墙，来到了食物前，开始享受起来；而此时，第一只蚂蚁仍在不停地跌落中重新开始。

第一只蚂蚁可谓相当勤奋，百折不挠，坚持不懈，但是它并没有取得成功；而第二只蚂蚁没有费多少力气，只是绕过墙，就成功了。所以，女孩，要明白用正确方法指引自己解决问题的重要性。

打工皇帝唐骏初入微软的时候，只是一名小小的软件工程师，他只负责一个软件部分程序的编写与研发。如果每天只是按照规定的进度完成工作，那他的一生将和那么多的程序员没有太大区别。爱思考的唐骏就从自己目前的工作开始琢磨，当时微软软件程序的结构已经比较成熟，只需要所有程序员一起完成即可。唐骏想：能不能通过改变结构、重新编写程序的方式，实现程序的各种功能，同时又能简化大量的编写工作。因为对于用户来说，实用且能大大提高软件的运行速度、提高效率就是最大的要求了。于是，他把自己的思路与方法告诉了自己的上司。他再三解释，如果改变框架固有的结构，有可能会让编写变得更轻松，能够节省大量的研发时间和成本，同时软件的稳定性会更强，操作效率会更高。终于，他说服了上司，上司决定给他一段时间，让他按照自己的想法进行设计。接下来，唐骏就开始夜以继日地攻克难关。终于，在短短的一个星期过后，唐骏就拿出了一份清晰的程序结构。上司看完后对他竖起了大拇指，唐骏的新编程方法不仅比公司原来的设想节省了一多半的研发时间，人力成本也能大大缩减到原来的一半以下。唐骏就是通过这个改进方法的建议和方案，使得自己从一名最普通的程序员，一下变成了项目组组长。这让他在微软崭露头角，为他将来晋升到管理层奠定了很好的基础。

唐骏在微软的亲身实践再次证明了成功与“劳其筋骨，饿其体肤”“三更灯火五更鸡”“头悬梁，锥刺股”没有必然的联系。在自然经济条件下，勤奋学习有助于一个人的成功。但是，当今时代，任何成功都离不开正确方法的指引，方法比勤奋更重要。一个人如果有了明确的目标，再辅之以正确的方法，那成功也不过是自然而然的事情了。

充值自己也有大学问

职场的投资一定要符合自己的职业生涯规划，即便是自己感兴趣的投资，也要有一个长远的职业规划，这样将来才可能获得回报。

在变幻莫测的当今社会，无论是在职场还是在情场，女人的安全感都会有不同程度的缺失，这是女人的天性使然，也是社会环境使然。即便通过努力，做到了高级主管的职位，成了高级人才，但是那颗没有安全感的心仍会在半空中悬浮，就更别谈高层次的归属感了。任何时候，都时刻不忘增强你的实力，这是你唯一且必须要做的事，因为它是使你傲然于世的最大资本，也是使你感情稳固的经济基础。二十几岁刚走上社会的女孩更是什么都没有，没有多少工作经验，没有多少社会资源……因此，投资自己、为自己充电是必要的选择。

相信女孩们都听过潜规则一说，其实，投资自己也有潜规则，也有大学问。下面我们列几点投资自己的潜规则，供女孩们参考。

1．缺啥补啥

这种投资自己的方式最实用，最能解决我们当下的问题。在工作中或者在学校里，很多岗位都需要持证上岗，比如会计证、出版资格证书、报关员证书、质检证书、律师证、教师证等，这时，各种入门级、中级的职业资格证书就成为很多人拼命要拿下的敲门砖。这种证书难度相对较低，拿证快，可以立刻持证上岗，建议女孩可以根据自己所在行业的特点、公司要求和自己的职业生涯规划有目的地报考。

2. 未雨绸缪，有备无患

有些知识或者能力可能暂时用不上，但是未来几年，它必定能用得上，将会对你今后的职场竞争力产生较大的影响，有远见的女孩不妨提前着手进行学习和准备。

小蝶从小英语就很棒，大学毕业后就考了雅思，考试成绩也很不错，但后来因为各种原因，没有出国读书。在国内也有段时间没有从事与英语有关的工作，所以口语退化了，直到去了一家外企才又慢慢捡了起来。当她看到很多毕业生，无论口语还是书面表达都很不错时，她就有点儿自惭形秽。于是要强上进的小蝶决心恶补自己曾经最拿手的英语，加上果断抓住去英国进修的机会，她终于把自己退化的英语全部捡了回来，并且发挥到了极致。

后来，公司的整体战略要向亚太地区转移，她又马上开始学日语。她当时的想法是：日语也是国际化语言，今天学是为明天做准备，一则可以增加自己的竞争力，自己日后也可借此跳槽到日企；二则也是为了工作方便，公司将来的日本业务交给自己也说不定啊。总之，多会一门知识总是好的。小蝶想到就马上去做，她报了一个日语班，一年内就拿下了日语一级，公司的日本市场后来果真交给她了。

任何时候都要居安思危，未雨绸缪，这样当机会来临的时候，可以不费多少周折就轻而易举地抓住了，因为机会只垂青于那些有准备的人。

3. 一山望着一山高

证书的含金量也是有时效性的，市场上流行什么证书，什么证书吃香，那么女孩，你就要做好拿下的准备了。比如2004年之前，注册会计师证书含金量高，所以很多学会计的或者从事财务工作的人都摩拳擦掌去考，尽管这个证书难度很大。这只是国内证书，当国际证书“当道”时，国内证书就不被用人单位放在眼里了。因此，考国际证书，比如ACCA、CIA、ICMA、AICPA、IFM等，就成为当务之急，这就是证书的“一山望着一山高”。女孩，证书也要与时俱进，也要讲究潮流。就像衣服一样，要像紧跟时尚潮流那样紧跟证书潮流，这样你的身价才会不断升值。

4. 跟着自己的兴趣走

兴趣可以丰富我们的心灵，使我们乏味的生活变得多姿多彩。如果你从小就喜欢画画，那么你可以在工作之余寄情于此，此外还有心理学、养生学、色彩学、棋类、才艺类等等。它们会在公司有活动的时候让你大放光彩，还可以让你在职场失意时“安全着陆”，柳暗花明又一村！

总之，越早开始投资自己，你的人生就会越顺利，就越能拥有美好、富有的未来。但是有一点要记住：职场的投资一定要符合自己的职业生涯规划，即便是自己感兴趣的投资，也要有一个长远的职业规划，这样将来才可能获得回报。投资自己要找准那些阻碍自己发展的缺陷型知识，选准适合自己的知识类型再充电。

此外，投资自己是一个长期的过程，要有恒心和耐心，也要量力而行。投资自己前，一定要对自己的情况有个清醒的认识，比如你的英语仅大学英语四级水平或者连四级都没有，这时，你就不应该选择全英文的考试；财力不足，就慎选那些动辄过万的大牌证书；如果空闲不多，就不要选择那些密集型的强化班。此外，还要对证书的含金量、实用性和培训机构的资质进行考核，以免上当，做无用功。

积极投资自己，提升自己的品味，你的身价就会升值。人生路上，最有价值的投资就是你自己，这个道理二十几岁的女孩一定要早点儿明白，早点儿明白，早点儿富有，早点儿幸福。

水草丰美的地方才有事业的大鱼

越是优秀合理的公司，越是能留住一批优秀的人，这些人正直、向上、热情、奉献、友爱，有广阔的视野，能提高自己的见识。以后能爬上多高的山，很大程度上就取决于第一步能站到多高的台阶上。

初入职场的女孩，大多会追求去一个好公司工作。这种想法本身是没有错的，但是很多女孩把眼光停留在工资上，她们所看重的往往全是工资而无其他了。其实工作带给我们的不只是薪水，还带给我们更多的东西，它们同样值得我们去追求。

俗话说：水草丰美的地方才有事业的大鱼。是的，第一份工作是你事业的起点，也或多或少决定了你今后事业发展的高度。所以，在找第一份工作时，就要找一个水草丰美的地方栖息，这是很重要的。李开复先生也曾经在博客上专门谈过“如何看待第一份工作”这个话题，他认为，大学生应该在读大学时就经过实习来尝试各种工作，做喜欢的行业和工作很重要，但是与其“全部都从事一遍”，倒不如多打听一些消息。有些公司内部就有很多可供尝试的机会，不一定要换公司，所以对于第一份工作不能太轻慢。

李开复还说：“第一份工作确实很重要，但是不代表你要做一辈子。平均起来，在21世纪，一个人一生换四五次工作是正常的。第一份工作最重要的是学习，你应该找一个有足够的培训、学习和成长空间的公司。同样地，你也不能期望公司只是培养你，你的大部分时间还是要从基层做起，把分内的工作做好。”

好公司的含金量是一般的公司无法企及的，可能有很多人会问：“什么样的公司才是好公司呢？世界500强的公司当然是好公司，优秀的民营企业也是好公司，但是这些公司一般人很难进去啊，只能去小公司积累工作经验了！”其实好公司不在于大小，也不在于知名与否。好公司都有一个共同的特点，那就是管理和治理结构合理、规范、简单清晰。在这样的公司工作，即便只是做前台、外勤，身处其中也能体会到一家优秀公司的内部是如何运转的。越是优秀合理的公司，越是能留住一批优秀的人，这些人正直、向上、热情、奉献、友爱，有广阔的视野，能提高自己的见识。以后能爬上多高的山，很大程度上就取决于第一步能站到多高的台阶上。然而，目光短浅地看到眼前利益就接二连三地跳槽，最后只会什么也学不到。

毕业后，余敏已经换了十几份工作了。问她换工作的原因，她会直言不讳地说：“我的工资太低了，我要进入挣钱多的行业。”她找工作的历史，已经能写成一本书了。她大学时所学专业为英语师范专业，当然，毕业后她应该顺其自然地做一名英语

老师。可是，现在教师这一行业已基本饱和，一个本科生想找一所公立学校立身是很难的。她在碰了很多壁后，不得不把目光转向私立学校。很快，她比较幸运地到一所私立学校上班了。但只上了两个月的班，她就气得直跳脚。她抱怨学校给的工资太低，学生又不好管。接着，她又将目光转向了公立学校，可是公立学校不好进，加上她又没有工作经验。这样荒废了几个月后，她听别人说干房地产比较不错，签一个单子就能挣很多钱，于是，她开始找房地产的工作。可是大的房地产公司嫌她没经验、不录用

她，最后她只能去了小房地产公司。在小房地产公司干了半年之后，她又是气得不行，她抱怨单子签不出去，公司太小，压力又大，还要四处跑，最重要的是，每个月只能拿几百元的基本工资。之后，她又干起了别人说既锻炼人又很能挣钱的销售工作，但是结果也没能待上半年，就又不得不离开了……毕业五年，看着其他同学在职场中升职的升职，自己开公司的也开起了公司，都混得不错，唯独她还在频繁的跳槽中，没有一样是自己拿手的本领。她后悔自己当初没能在一个行业中稳定下来，多学些本领。

倘若在第一份工作时，余敏就慎重考虑的话，她的发展应该是不错的。在当今社会，像余敏这样的人有很多，他们在职场中跳来跳去，不知道自己的强项是什么、能干什么，整日盯着薪水看，却不关注自己拥有的资本。等到一些年后，他们终于觉悟了："我为了挣得多一些而换工作，但是为什么我挣的钱没见多，反而还这么有限呢？"最后，他们弄得自己都不知道该怎么办了，陷入了茫然中。

对于二十几岁的女孩而言，在年轻的时候，拿多少钱、做什么工作都是次要的事，重要的是学习机会。一家好公司能提供给你的就是一个学习机会，不管你在那个地方干半年、还是干三年五年、抑或是十年，它都是你快速成长的大环境。脱离了这个环境，你到其他任何公司都可以存活。

女孩，如果你到一些不规范、制度不健全、不人性化的公司，即便给你高薪，你也学不到东西；或者更可怕的是，你可能会学到错误的、消极的、负面的东西，这对你的成长和未来没有益处，这样的公司还是不去为好。

不要以为30岁离你很远

女孩，要善于利用时间，做好时间管理，找对方法，这样才能将工作与生活处理得井井有条，活得有滋有味。

瑞士是世界上第一个实行电子户籍卡的国家。婴儿在医院一出生，医院就会打开电脑上的户籍网络，查看他（她）是这个国家的第几位成员，然后以此为编号为孩子进行登记。不仅要登记姓名、性别、出生时间，还要登记“财产状况”一栏，所有赤条条的孩子这一栏里写的都是“时间”二字。可见对于在国际上公认的讲规则的瑞士人来说，时间是多么宝贵的财富。尽管不同国家在文化的解读上存有差异，但却一致公认时间是一个人从呱呱落地起就拥有的财富，因为对一个婴儿来说，除了时间，再不会有其他的东西比它更宝贵了。所以，二十几岁的女孩，不要挥霍你与生俱来的财富。

二十几岁对女孩来说，是黄金般的如花妙龄，她们不仅容颜姣好、身材火辣，身体机能也处于人生最旺盛的时期。但是，女孩，不要沾沾自喜于自己现在的青春，那些平庸的人也曾经年轻过，只不过他们把青春挥霍殆尽了而已。女孩，你人生的第一要务就是把组成生命的时间，一分一秒地支付到自己明确的生活目标上去，为自己的梦想不断地努力。时间不等人，它与社会一样，不会等待你成熟，不会等待你知道珍惜时间的那一天再转动。它会义无反顾地逝去，因为转动是它唯一的存在方式，它不会在乎你人老珠黄时想要留住青春的心。

有一个孩子出身寒微，10岁便辍学，12岁起开始在印刷所当学徒、帮工。当时的他并没有多么远大的目标和抱负，但是他有一个优点，那就是绝不浪费时间。白天当学徒的时候，他刻苦好学，掌握了精湛的印刷技术；闲暇就到印刷厂的图书室阅读各种各样的书籍。在那里，他广泛阅读了大量文学、历史、哲学方面的著作；不仅如此，他还自学数学和4门外语，并潜心练习写作，这一切都是在做完了一天的工作后进行的。这段珍惜时间、争分夺秒丰富自己的学习经历，为他在以后的人生中取得多方面的成就打下了坚实的基础。

这个人就是留下“你热爱生命吗？那么别浪费时间，因为时间是组成生命的材料……时间就是金钱……浪费时间是所有支出中最奢侈最昂贵的。”这句名言的本杰明·富兰克林，他是美国革命时期的资产阶级民主主义思想家、杰出的政治活动家、卓越的科学家。

女孩，趁你红颜未老的时候，请反思一下自己是怎么度过这无数个每一天的吧，也许年轻贪玩的你自己也不知道一天怎么就这样度过了。

小冰有个做网络推广的网友，闲暇时她们经常用MSN聊天。她就问这个网友是怎么度过一天的，这个网友郁闷地说：“今天没有找到客户，很郁闷，我也不知道一天怎么就这样过去了。我每天到公司一坐下就打开电脑，打开QQ、MSN、淘宝旺旺，就看到商友们的很多留言，然后就开始给商友们回帖，后来就开始浏览网页，也间歇发信息跟他们聊天。一天就这样没了，感觉自己什么都没有做。”

小冰的网友每一天就是这么日复一日地度过的，一个月下来，她也没有接到几个单子。如果一两个月没有单子，还情有可原；如果三五个月下来，她还这样，那就是在浪费自己宝贵的时间了。女孩，要善于利用时间，做好时间管理，找对方法，这样才能将工作与生活处理得井井有条，活得有滋有味。工作时，要分清主次，先做最重要的事，而不是漫无目的地瞎聊。这样才可能拉到订单，效率才会提高。

女孩，闲暇时，不妨回顾一下自己的人生，这样便于你抓住重点，利用好自己的时间，做好时间管理。

Part4 人际职场

职场篇

跳好职场芭蕾必知的潜规则

现代女性大多走上了工作岗位，她们在职场上已成为一条亮丽的风景线，她们也与男人一样，在职场上叱咤风云，开辟出一片属于自己的天地。然而，任何人在一定的场所内生存，都要懂得其生存潜规则，职场也不另外，要跳好职场芭蕾需要各方面兼而顾之，才会跳得优美。这一方面需要处理好自己与工作的关系，另一方面还要处理好职场中的人际关系。这就需要女孩有雄厚的硬件材料做资本，那就是要让自己变得有实力，通晓做人的基本规则。

学会与工作谈恋爱

女孩，不管你目前从事的是什么工作，不管你喜欢与否，消耗的都是你的时间，与对方支付的薪水多寡无关。在其位就要谋其政，这是最基本的成功之道。

《爱情呼叫转移》讲述了一个男人与十二个女人的情感故事。这个男人与发妻结婚多年，相互之间没有了新鲜的感觉，加上家庭生活的琐碎，周而复始，他觉得这样的人生完全没有意义，就向相守多年的妻子提出了离婚。一次偶然中，他遇到了天使。天使送给他一个有魔力的手机，他每按一个按键就会有一个性格完全不同的女人出现，并且会和男主人公产生感情。当他按了几次按键后，却没有遇到一个适合自己的女子，于是他选择回到前妻那里；而前妻已经和另外一个男人生活在一起了，这个男人对他的妻子称赞有加。在他神情恍惚、垂头丧气时，天使告诉他："你还有几个按键没有按呢。"男人很绝望地摇了摇头。天使说："在这个世界上，没有哪个女人是专为你而准备的！"

没有哪个女人是专为哪个男人准备的，也没有哪个男人是专为哪个女人而准备的。同理，也没有哪一份工作是为你而准备的，这就是这部电影折射出的职场智慧。

生存于世，大多数人都是要谋生的。每个人在工作过程中都难免遭遇瓶颈，或者因为各种原因觉得激情不再了。这时，与其频繁地跳槽，不如像经营婚姻那样经营自己的事业，试着与自己的工作谈恋爱是不错且可行的选择。工作不仅是我们谋生的手段，也是自身价值的体现，更是我们享受生活的一种不可或缺的载体。我们的一生可能会有不同的工作，但是无论哪种工作，都会遭遇类似婚姻生活里的琐碎和沉闷，无人可免，与其逃避逃脱，倒不如迎难而上。

二十几岁刚走上社会的女孩，可能因为工作经验的欠缺，为了谋生，不得不从事自己不喜欢的工作。这时你可能会绷着脸，怨天尤人，但是，这样做对自己以后的人生有什么帮助呢？唯一对自己以后有益的就是抓住这份机会，多花心思在自己的工作上，因为你别无选择。既然选择了这份工作，哪怕只是短暂的工作，也要对自己的这段人生负责。当你对你的工作付出了足够的耐心、倾注了足够的热情和心思、培养出自己对工作的兴趣时，你与工作就会像恋人那样不可分离，你就会发现真的喜欢上了自己的工作。你自然能体会到与工作谈恋爱所带来的乐趣，这时，工作就是一件令你快乐和充实的事情了。

林文子高中毕业后的十多年间，一直供职于东洋纺织公司。后来，她去了本田公司、宝马（东京）公司做汽车推销员，她很喜欢推销员这一富有挑战性的工作，并深深为它着迷。

她热爱自己的工作，对自己的工作倾注了全部的感情，她常常为客户的成功而高兴，为客户的艰辛而忧愁。她说："对于客人来说，买车是人生中的一件大事。在茫茫人海中，经销商因售车而与客人相遇，听到他们为了买车而努力奋斗并在事业上取得成功的故事，我真为他们感到高兴。”

林文子就是以这样的工作激情和态度对待每一位客户的，也正是因为这样，她创下了日本销售界的奇迹。她也从汽车业的第一线转到了管理层，最终成为宝马（东京）公司的总裁。

《华尔街时报》这样评价林文子：在汽车行业，经销商一般是不受关注的，更何况是一名女性。林文子一心一意奋斗在销售行业，她的敬业精神和工作业绩在男本位的日本商界显得尤为可贵。所以，《华尔街时报》授予林文子全球“最受人瞩目的50名女性经营者”称号，林文子也是入围该名单的唯一一名日本女性。

林文子坐上总裁的职位，成为日本商界一颗耀眼的明星，其根源就在于她对自己工作的热爱。一般的女人往往只把工作当成一种谋生的手段，这样自然不能全身心投入，何况还是自己不喜欢的工作！女孩，不管你目前从事的是什么工作，不管你喜欢与否，消耗的都是你的时间，与对方支付的薪水多寡无关。在其位就要谋其政，这是最基本的成功之道。如果你能像爱自己一样热爱自己的工作，与自己的工作谈恋爱，那么你就会对工作少些厌倦，而多些感动和感恩了。

纪伯伦说：“工作是看得见的爱，通过工作来爱生命，你就领悟了生命最深刻的意义。”女孩，你一定非常想实现自己生命的价值，那就试着与工作谈恋爱吧！工作是你谋生和自我价值实现的综合体，也是积累人脉和社会资源的最佳通道！

实力女孩最受职场欢迎

虽然任何奇迹的发生都有其偶然性，但是偶然之中也有必然，创造奇迹要以实力作保障。

2009年国产剧《潜伏》包揽了多项大奖，它深深地震撼了我们的心灵。我们不禁为男一号余则成的饰演者——孙红雷的演技翘起大拇指，更为余则成的生存智慧和该片所折射的职场生存智慧所折服。在该影片里，余则成的贵人从来就没有断过，先是吕宗芳，后来是站长，甚至是戴笠。正是这些靠山的存在，才让余则成多次转危为安，不引人怀疑。但是，靠山不会无缘无故让人靠，如果余则成没有军统的背景，吕宗芳绝不会拉拢他；如果他没有立下大功，戴笠也不会对他青眼相加；如果他不能帮站长捞钱，也就不可能获得庇护。所以，比靠山更重要的，是余则成本身的价值和实力。如果他什么实力都没有，估计谁也不会看上他，最终他也会以小科员的身份终老。

女孩，在职场，找靠山很重要，但是比靠山更重要、更有深远意义的是让自己有实力。诚然，在现在的社会，关系和社会资源对一个人的成功有着巨大的推动力，但是如果你是扶不起来的阿斗，就算有再多五虎将帮衬，你也未必能成功。归根结底，一切最终还是要靠实力说话。

《丑女无敌》中的裴娜，是个典型的大美女。她的外貌极其漂亮，而且身材火辣，但她却是一个典型的胸大无脑的女孩。她是概念公司女主人的闺蜜，不可谓没有靠山，但是最后却输给了丑女林无敌。无论在秘书的专业工作技能上，还是在人际关系的处理上，她都彻彻底底输给了丑女俱乐部的女孩们。而丑女林无敌的成功，毫无疑问就是赢在了实力上。林无敌不仅专业能力强，而且待人真诚，心理素质很好。林无敌毕业于重点大学的金融专业，深谙金融与企业管理。因为长相实在对不起观众，所以林无敌曾经被秘书们合伙欺负，但是她一直傻傻的，很大度，不与人计较，用自己的真诚去打动别人、帮助别人。最终她成了丑女俱乐部的首领，获得了公司里更多的支持，得到了坚实的后盾。因外形不堪、打扮老土，在职场中屡屡碰壁，但她却愈挫愈勇，在被用人单位拒绝了17次后，最终获得了概念公司的工作机会。一个丑女在美女如云的广告公司靠实力完成了从“丑小鸭”到“白天鹅”的完美蜕变，这就是林无敌成功的硬件资本——实力。

人们常说：“机会只青睐有准备的头脑。”这句话用在林无敌身上真是再合适不过了。如果说林无敌不乏机会的垂青，那么，她的实力就是抓住这个机会的魔棒。试想，一个手握空拳、没有任何抓住机遇资本的人，怎能胜任艰巨的任务呢？可见，实力无论在任何时候都是一个人的生存之本。没有了它，即便是你渴慕已久的职业，你也只能眼睁睁地看着它成为他人的囊中之物。

杜鑫已经工作三年了，现在不但成为了公司的骨干，还当上了部门经理。可是当初，杜鑫的际遇并不怎么好。和杜鑫同时入职的一个女孩，由于长相漂亮，在工作了一段时间之后就升了职。那时就有同事、朋友劝杜鑫，要好好打扮自己。可是杜鑫觉得一个人靠的不是外表，而是靠实实在在的内在，只要自己积攒的实力够强，早晚会有出头露面的机会。

关于未来的发展，杜鑫没有过多地去想其他办法，而是认认真真地做好自己的本职工作，并不忘充实自己、努力提高自己的业务能力。

那个漂亮的女孩，由于只是一个绣花枕头，没有什么实际的才能和学识，所以在升职没多久后，就被老板婉言辞退了。

杜鑫的每一次努力，老板和同事都看在了眼里，都认为杜鑫是一个有发展的年轻人。所以，当一个部门的经理一职出现空缺时，老板想到的第一个人就是杜鑫。因为她的实力是大家有目共睹的，最能胜任此职的人非她莫属！

二十几岁的年轻女孩们，在残酷甚至黑暗的职场，要想生存和快速发展，就必须积聚自己的实力，让实力为自己说话。虽然任何奇迹的发生都有其偶然性，但是偶然之中也有必然，创造奇迹要以实力作保障。任何时候，实力女孩都是最受职场欢迎的人，实力和能力始终是一个人在职场上的万能通行证。

学会与上司和解

社会是由无数人组成的，不是你一个人的社会，那么在这个社会中求生存和发展，就不要太任性了。在家里，你的父母会疼爱你、宠着你，到社会上就要学着成熟，学着洞察人情世故了。

燕妮昨晚跟死党小新打电话诉苦，说自己从那家光鲜亮丽的事业单位辞职了。小新听后，觉得很震惊，因为燕妮的单位可是行业里数一数二的好单位，多少同学都羡慕着呢！小新听后，就让她详细述说辞职的经过。燕妮说："我们主任根本就是个外行，以前是做销售的，刚调来我们部门做主任。他没有怎么看我的文案就说不行，还东挑挑、西拣拣，说了一大堆问题，还说让别的同事先看看再拿给他。"小新知道燕妮的实力，燕妮在大学里不仅写了好几本书，还在核心期刊上发表过几篇有影响力的文章，她的文章都是一遍过，导师都不会怎么修改。所以，个性要强的燕妮怎么可能听得进去他们机关领导说的话呢？小新不知道该怎么劝慰燕妮，只是替她感到惋惜。因为这份工作轻松稳定、收入也高，让她在不到半年的时间内就攒下了近两万元。这样的收入在她们那个城市算是中等水平了，尤其是对于一个毕业刚一两年的大学生而言，但是这么好的工作就这样被年轻气盛的燕妮轻易丢掉了。

其实，小新不便说与燕妮听的道理，就是要学会与上司和解，尤其是对自己有成见的上司。虽然每个人都有自己的原则和性情，每个人的做法都会不同，但我们在这里想劝告女孩的是：做重大决定前，不要太冲动，要让自己冷静下来，先缓缓再说，说不定就会改变想法了。如果贸然、仓促做决定，就没有退路可走了，年轻的女孩不妨先从反省自身开始。

社会是由无数人组成的，不是你一个人的社会，那么在这个社会中求生存和发展，就不要太任性了。在家里，你的父母会疼爱你、宠着你，到社会上就要学着成熟，学着洞察人情世故了。

自己有多少工作经验和能力，你心里应该最清楚。因为太年轻，在工作中犯错是很正常的事，领导说说也无妨。领导说了重话，也很有可能他当时正在气头上，这种情形是很多见的。毕竟领导也是人，虽然他身为你的上司，但是也有很多公事和私事在折磨着他。作为新人的你体谅容忍一下就过去了，有胸襟、有气度的领导说不定在与你下次谈话时会主动道歉。一个真正意义上的领导就算是外行，也是有做人的根本和实力的。新毕业的女孩们，在发生主管或者老板责骂你的事件时，一定要坚强，要有足够强的心理承受能力，因为正是这些人将会在你的履历上写下浓墨重彩的一笔。恨恨也罢，隐忍也罢，你首先想到的都应该是自己的职业规划，自己的未来。

即便领导是外行，与一个新毕业的或者工作时间不久的新人相比，他也是有独特能力的，他一定是在这个行业有关系、有渠道、有经验的人，这些或软或硬的实力都是他们长期在业内一点一滴取得的。他们可能和你一样新到这个位置上，刚刚接手这个部门，凡事都有个学习的过程。既来之，则安之。既然有缘相见，做了上下级，那么就不要仓促了结这段缘分，缘分由浅到深、由深到浅都有个过程。本着平常心看待让你郁闷的上司，你的眼中就不会只有他的缺点和错误了。你怎样看待他，他自然也会怎样看待你。

初涉职场的燕妮就是没有隐忍的心胸，所以才做了不明智的决定。想一想帝王将相还需要忍，那么女孩，你忍一忍又能如何呢？记住，忍耐不是怯懦的表现，而是一件帮自己看清世情、抵御外界侵袭的护身衣。

在职场的江湖中，你会遇见形形色色、性格迥异的上司，一定要学会与他们相处。下面是与不同习性的上司相处的方法，供女孩们借鉴。

1. 爱发脾气的上司

这种类型的上司可能在工作中遇到头疼的事（顶头上司迁怒于他，客户难缠，同事挤兑等诸如此类的事情）时，爱发脾气。如果你不幸正赶上他发飙，那就只好自认倒霉了。不要往心里去，就当听到垃圾了，随耳倒掉就行了。不要急着反唇相讥，让他脾气一次发个够，等他情绪稳定后，你再与他谈你想解决的事，这才是一个成熟、理性的职场人应该做的。

2. 不欣赏你的上司

他可能来自火星，对你这个地球人就是没来由的不欣赏，所以他对你的工作可能横挑鼻子竖挑眼。这个时候你不要慌张，更不要暴怒，你可以视对这份工作的重视程度采取不同的对策。你不妨把他批评你的目的想象成是为了培养、提拔你（尽管他未必有这份好心和闲心），这样你的心情就会好很多，就不会带着负面情绪来工作了。你还可以化压力为动力，把自己受到的不公平待遇，作为谋求自己更大发展的巨大动力。

与其让自己沉浸在忧伤、愤怒中不能自拔，不如换一种乐观向上的心情来面对生活中的困境。对那些不欣赏你甚至压制你的上司来说，最好的反击就是用自己出色的业绩来证明自己，从而冲破他的压制，实现自己的理想。

3. 变色龙式的上司

有些上司上午让你这么做，下午又让你那么做；今天这么说，明天又那么说，在这种变色龙式的上司手下做事，有时候让你很抓狂。上司只消动动嘴皮子，具体实施的人是你，深感折磨的也是你。你要知道，作为一个领导，他那么善变，其实正是他信心不足的表现，他不愿意承担责任。所以，记清楚他曾经说过的话，如果太多记不住，不妨在他交代事情前拿支笔做个记录。好记性不如烂笔头，这是一种良好的工作态度，还可用来以备不时之需。

4. 懒散的上司

懒散多表现为迟到、早退，这在小作坊式的公司尤为明显，当然大公司也会有。他不来，很多决策就不能及时批示，如果出什么差错，他可能会把责任推给你。这时，最好的办法就是有意无意地请第三方介入，比如秘书小姐，这样做的目的旨在要他人知道整件事情的来龙去脉。通过秘书的见证，你就不会替上司“背黑锅”了。

5. 公私不分的上司

有些上司与其说“三八”，不如说他精明到家。他会用尽一切资源来为自己谋利，甚至会让你周末为他语文不好的儿子补习功课，写读书感想。一两次还行，就当加深上下级关系了；如果频率太频繁了，就要找个合理的理由巧妙拒绝他。你不妨说：“对不起，我帮不上忙，因为那天我有个约会，不能迟到！”如果工作期间，他有私人事情要你处理，你不妨说：“我手头上有三个报告要写，老板说今天一定要。”由于上司本身就理亏，所以他就不便为难你了。如果你工作认真，从来没有犯错，那么他对你也只能“敢怒不敢言”了。

6. 情感脆弱的上司

人都有不如意的事，上司对很多事也会有想不开的时候，这个时候，他很希望下属能宽慰他几句。但是，作为女孩子，适度关心一下上司就够了。为他倒一杯热茶，给他一个淡淡的笑容就足够，不要主动打探上司的私生活，除非他自己爆料。做个好的倾听者，然后适当加几点简单的分析即可，不要说太多；或者你随意讲个笑话，他就会很感激了。

7. 霸道型的上司

这种“恶”人，就喜欢威胁下属，以为这样员工就会服服帖帖地干活。与这种上司相处，你一定要让他知道你存在的价值，不要被他的气势所吓倒，事前做好“回敬”的准备就行了。

8. 爱猜疑的上司

这种上司对员工很不放心，生怕你偷懒。这时，找个小本子或者几页白纸，写下自己的工作日志，以便他询问时呈给他，或者在固定时间交给他过目。这样，他放心、你也安心。

谨言慎行驶得万年船

对公司的很多机密事或者八卦，你只要听听就行了，没有必要打探到底，更不要做流言的散播者，让流言在你这里停止就行了。

《潜伏》在2009年着实火了一把，一幅漫画形象地说明了它火爆的程度。漫画大意是：一男子手握遥控器，大喊："老婆，电视机坏了吗？为啥每个台都是同一张脸？"而屏幕上赫然是戴着眼镜、抿着嘴的孙红雷。其实孙红雷所饰演的余则成所在的单位天津情报站就是一个典型的单位，站长、副站长、情报处长、行动队长之间的关系就是一场办公室政治。余则成身份很复杂，先是军统局的情报人员，又是地下党的潜伏人员。一边与姚晨饰演的农村游击队队长假扮夫妻，一边又与自己心爱的未婚妻进行工作上的周旋，还要应付自己单位中的职场暗斗，无疑正是他的谨言慎行才使他小心驶得万年船。所幸的是，我们生长在和平年代，我们不像余则成那样担负着沉重的革命任务，我们只需管好自己的嘴巴就行了。这是最容易的事，我们就从最容易做的事开始做起。

初入职场的人，尤其是女孩，总是喜欢唧唧喳喳地说话，明明知道言多必失，但还是管不住自己的嘴巴。觉得与人说话很容易拉近彼此的距离，也是发泄自己工作压力的一种方法。其实说话前，脑袋最好转个弯，职场不是可以随便讲话的地方。如果因为你的天真和单纯，不小心触及了别人的利益，你也许还在一边傻乐，但是那边已经开始对你张开了魔爪。对公司的很多机密事或者八卦，你只要听听就行了，没有必要打探到底，更不要做流言的散播者，让流言在你这里停止就行了。

在纷繁复杂的职场中，你可以不聪明，但不可以不小心。不聪明的人，最多笨拙一些，事情做得差一些，这在职场上，不算很大的罪过，但不谨言慎行就随时会触犯到别人的利益，这可是职场大忌。比如新来的文秘与行政助理在谈行政总监包养小情人的事，新来的文秘会觉得助理拿她当好姐妹才与她分享公司的八卦。如果文秘再不小心告诉别人，然后别人一传十、十传百，比互联网的传播速度都快，那么公司最先炒的肯定是新来的人，而不是在公司有点资历的行政助理。所以，切勿做职场大嘴巴，管牢自己的嘴巴，尽量说些无关痛痒的事情，少议论同事，能说人好话时就别说人坏话，这是职场的黄金生存之道。

小明以前是做技术的，因为技术精湛，被老板提拔为总监，管理几个部门的经理。但他是做技术出身的，根本不懂管理，经常为了一点鸡毛蒜皮的小事就与几个经理互掐，弄得工作气氛非常紧张。虽然表面上他同几个经理还是和和气气的，但是那些经理就是不买他的账，处处在工作中给他使绊子。小明很郁闷，就向擅长管理的老板请教了此事。老板先是狠狠地批评了他一顿，然后就帮他分析了他和那几位经理闹意见的根源。其实老板是明眼人，他深知自己手下的性情，就对小明说："有几次我亲耳听到你跟其他同事发牢骚，你还在直接下属面前谈其他部门的'不是'，这些话传到其他经理那，人家当然会与你对着干了。所以，根本原因还在于你，你没有管好自己的'大嘴巴'！发牢骚要注意对象，无论是在你的下属面前，还是在其他部门的下属面前，碰到不如意的事你都尽量不要发牢骚，因为管不住自己嘴巴的人太多了。即便你是对的，也要注意分寸，要给人家留面子。有因必有果，这都是你'大嘴巴'惹的祸。"

小明的举动就是不成熟、欠火候的表现。发牢骚要看对象，更要记住：职场如战场，作为领导，更要谨言慎行，不能做不利于"团结"的事。

当今社会，人都是在压力下工作的，所以发火、发飙、发牢骚也不足为奇。但是言多无益，解压的方法有很多，不一定非要在职场找人发牢骚。可以回家与家人谈心，也可以周末出去走走，放飞自己的心情，开阔视野、舒展心境，将紧绷的神经放松下来。

不要轻易得罪人，尤其是小人

不随便得罪人，更不要随便得罪小人，是职场中左右逢源的必胜法宝。在职场沉浮的女孩，在尽心尽力取得业务实绩、增长才干的同时，一定要懂得时刻像尊重自己一样尊重他人，注意自己的言行举止，切不可在自己都不知道怎么回事的情况下就得罪了别人，尤其是小人。

《丑女无敌》从2008年第一季的火爆到2010年第四季的开播，每一次都受到观众的热捧。严格意义上来说，它属于湖南卫视自拍的无厘头的“肥皂剧”，但是细心分析剧情，我们仍能从中得到一些身处职场的智慧。

《丑女无敌》讲述的是一个公司里（概念公司）小人物之间啼笑皆非的事。林无敌，一个刚刚走出校门的金融硕士，因为她比较抱歉的长相、刻板认真的作风和落后时代20年的穿着打扮，让她一直找不到体面的工作，最后凭借实力进入概念公司做了秘书。但是因为长相实在让人不敢恭维，在概念这样美女如云的广告公司里，她仿佛一个异类，明里暗地处处受人排挤，复杂的人际关系让这位善良的职场新人有些吃不消。但是她一直傻傻的、很大度、不去与人计较，而是用自己的真诚去打动别人，后来她赢得了人心，成了丑女俱乐部的首领。而外貌极其漂亮的裴娜却成了人际纠纷的反面教材，她心眼太小，不会和人相处，仗着高层领导（女老总的闺蜜）与自己有私交，便在公司横行霸道，肆意打小报告，不尊重他人。天长日久，她几乎成了“全民公敌”，最后连自己的好友也倒戈站到了丑女们的一边。

虽然《丑女无敌》的演绎有点儿夸张和搞笑，但是里面所呈现出的“不要随便得罪他人”的道理却演绎的很真切实在。不随便得罪人，更不要随便得罪小人，是职场中左右逢源的必胜法宝。在职场沉浮的女孩，在尽心尽力取得业务实绩、增长才干的同时，一定要懂得时刻像尊重自己一样尊重他人，注意自己的言行举止，切不可在自己都不知道怎么回事的情况下就得罪了别人，尤其是小人。当你无意中得罪了小人，你以为他应该不会介意，但是实际情况是小人因为心眼小，往往会怀恨在心，伺机报复。就算从前你对他有再多的恩惠，他也只会记恨你的无心之失，利用种种阴险的手段加害你，这就是所谓的“宁可得罪君子，也不要得罪小人。”尽量两者都不要得罪，相安无事最好。职场是非多，就算你的能力得到了其他同事和上司的赏识，你也会发觉升职加薪好像总是没有你的份。

以下我们列举了几种不可小视的工作岗位上的人员，供职场女孩们参考。

1. 人事人员

把你迎进公司的是他们，给你升职加薪的也是他们，可以说你的职场前途与他们是密不可分的。你偶尔的迟到、早退、请假也许不算什么，但是只要他们想，就可以随时揪住你的小辫子，所以对人事人员不可掉以轻心。

2. 老板的秘书

老板的秘书可说是公司里的一号人物，他们可能是老总的亲戚、情人、朋友等，如果不明就里、初出茅庐的你不小心得罪了他们，那么后果的严重性不言自喻。只要他们随便在老板面前恶言你几句，你在公司多年的努力就很可能付诸东流了，他们的三言两语抵得上你的百般辛劳。

3. 老板的心腹

如同老板的秘书，老板的心腹多是老板的同学、好友、邻居、童年伙伴，甚至老板的太太和情人。职场女孩进入一个公司，第一件事就要把这些人识别出来，然后保持距离，对他们恭敬有加。这样就可以尽量远离是非的战场，保护自己。

4. 相邻的同事

你的一举一动，甚至电话内容他们都可能尽收耳底。平时他们很可能是你倾诉的对象，但是有朝一日，他们变成了你的竞争对手，那么你就很危险了。闲谈要有度，爆料也要有个尺度。

5. 财务人员

现在是数字化生存的时代，财务人员的工作不仅仅是过去的做做财务报表、开开单据那么简单，他们还精密地统计数据，他们对各个部门业务的熟悉程度简直会让你大吃一惊。而对金钱的运作也使得老板对他们言听计从，他们对你的预算和业绩的优劣都知道得一清二楚。职场中人最好对财务人员笑脸相迎，客气有礼，小到领工资，大到审核你项目的成本，都可以使你感到阻力重重。在你没有足够权力时，一定要对他们彬彬有礼。

6. 总务

总务处就是领办公用品的地方，很多人会觉得他们无足轻重。但是要记住，与他们不和，会为你制造很多麻烦，这些麻烦也会破坏你的大好心情，影响你的工作效率。所以对他们要充满耐心，一切按规定程序来，不要在他们背后发牢骚、抱怨。

7. 公司网管

公司网管管理公司所有的电脑，这也就意味着他们掌握着公司所有人电脑里的所有资讯。公司最机密的资料，当然也包括你的一切秘密，只要他们想知道，他们就会知道。可以说他们是公司的间谍，只要他们动动手，你的机密文件就可以顷刻之间消失无踪，他们能做得天衣无缝。与这些“间谍”类的人员一定要搞好关系，否则发生什么事连自己都不清楚。

8. 其他部门的同事

任何一个工作都是在多部门不断协调、妥协、磨合下完成的，与他们处理好关系，与他们通力合作，你的效率会高出百倍。否则如果你的工作在每个部门都耽误一下，那么你就没有什么效率可言了。也许你在搞不清是非虚实的情况下，就被人穿了小鞋。所以，与他们和气相处，才能互助互益。

9. 小人

人性的弱点之一就是人的自私心理，为了利益或者个人本身的心理疾病，职场中难免有小人存在。他们不仅让一般的泛泛之交难以接近，而且对于帮助自己渡过难关的人也是过河拆桥，总之，他们要尽一切手段为自己或本集团谋取私利。对待这种人，你一定要慎加提防，为自己竖起一道坚实的心理围墙，不给他们可乘之机。

倾听，职场上最容易被忽视的竞争力

女孩，不要忽视倾听的力量，它是职场上一个很重要的竞争力。会倾听，就会广结善缘、积聚人气，帮助你成功。

乔·吉拉德是世界上最伟大的推销员，连续12年荣登世界吉尼斯纪录大全中世界销售第一的宝座。他所保持的世界汽车销售纪录，连续12年平均每天销售6辆车，至今无人能破其纪录。乔·吉拉德说，有两种力量非常伟大：一是倾听，二是微笑。

与乔·吉拉德同行的一个女性名叫邱次雪，她10年卖出500辆奔驰车，是蝉联过去10年台湾中华奔驰前三名的超级业务员。她的诀窍也是倾听，她说："每位顾客都像一本书，你要用心听才听得懂。"

邱次雪年轻时是一名蹩脚的业务员，与所有初入销售行业的人一样，客人一上门，三句话都不离自己的产品，这样顾客肯定不买账，当然就没有业绩了。后来邱次雪索性自己先不说话，而是让客人先说话，这样反而卖出了自己要推销的产品。

一次，一位老板娘趾高气扬地来她的店里看车，很多同事都赶紧趋前介绍车的性能、里程等，但是都被那位老板娘拒绝了。

这位老板娘一直抱怨业务员服务态度不好，车还很贵，这时，邱次雪就虚心请教："那我们要如何改善呢？"说着就挽着对方的手，把她带到了贵宾室。半个小时后，邱次雪的业绩单上又多了一笔。同事们很惊讶，就向她请教，邱次雪笑笑说："我一直听她抱怨了20分钟，等她气消后，她就买了早已锁定好的那款车型。她逛了好几家，就是没有碰到满意的服务态度好的业务员。之后10分钟，她又向我聊起了她的家庭生活，这个老板娘还挺有意思的。"

无疑，邱次雪就是通过不动声色的倾听签下这个单子的。因为客户对销售员都有心理偏见，觉得他们只知道目的明确地、赤裸裸地卖自己的东西，而很少能静下心来关心自己。这时如果有一个业务员能与自己不谈工作，而是听自己抱怨、听自己的烦心事，那么无疑顾客会心存感激。一旦感到自己受到了尊重，还可能把你视作暂时的知己，如果他心中已经锁定了某款产品，那买下来就是顺理成章的事了。

初入职场的女孩，一定要用好自己的两只耳朵，而慎用嘴，以防祸从口出。通过聆听别人的话，不管是哪方面的，别人高兴的事情也好，焦虑的事情也罢，都能拉近彼此的距离，说不定哪天就能给你带来丰厚的回报。

心莲在大学时就是班里的"大众情人"，不管男生，还是女生，都喜欢与她在一起。原因很简单，她是一个善于倾听的女孩，且从不泄露别人的私事，她也因此拥有许多好朋友。这些朋友毕业多年后还一直与她联系着，还和大学时一样有什么心里话都会对她倾诉。

进入了职场，当有同事向她倾诉工作和生活上的烦恼时，她都静静地听着。对方说到开心处，她也喜上眉梢；对方说到难过的事情，心莲也会面露同情。

有一次，一位同事向她诉说工作上出现了很大的失误，害怕被老板开除，而雪上加霜的是，她相恋多年的男友在这时跟她提出了分手。同事没有再继续说下去，开始小声地哭泣。心莲默默地递上了纸巾和一杯热茶，拉着同事的手，等她心情平静下来后继续听她倾诉……同事不停地讲着，心莲只是静静地听着，时而愤怒、时而同情、时而用关爱的眼神温暖着她。渐渐地，同事痛苦的表情放松了，眼泪也消失了。心莲轻轻地拍拍同事的肩，说道："现在觉得好点儿了吧？"同事报之以一个淡淡的笑容："昨天事发时，我感觉天就要塌了，我都快窒息了。经过与你一番倾诉，我现在觉得好多了，觉得也没什么大不了的。"然后，她们一起分析了工作中的失误，并找到了补救的方法。

后来，每当心莲工作中有难处时，这位同事都会在第一时间给予她援助，两人成了很好的朋友。

女孩，不要忽视倾听的力量，它是职场上一个很重要的竞争力。会倾听，就会广结善缘、积聚人气，帮助你成功。倾听也是有技巧的，因为倾听是心与心的交流，是情感与情感的互动，是对他人一种最好的恭维，是一种尊重、一份理解、一些同情。

下面介绍几种倾听的技巧：

1. 尽量让对方放松。面对面交谈最好，不要远距离交谈。

2. 女性诉说者如果情绪太激动，可以给予适当的拥抱和拍抚，有利于稳定对方的情绪。

3. 与对方要有眼神上的交流，这样表示你在专注地听，从而也给他力量。

4. 肢体语言不可少，比如在适当的时候给予肯定地点头。

5. 在听得不太明白的地方，可以让对方重复，以免造成误解，但是话题一定不能扯开。

6. 尽量耐心听完，不打断对方的话，等他把完整的故事讲清楚后，你再做判断。这样，你才能做出客观的点评，帮对方理出头绪。

7. 当对方说完后最好让他喝点热的东西，这样他能感受到你的关心，也容易让他重新振作起来。

8. 不常对方说的事在你看来是多么幼稚可笑，你也要耐心听完。他对你讲，就表示他很信任你，是对你人格魅力的赞美和肯定，所以要尽量给予他想要的理解和安慰。

9. 给对方建议或参谋是必要的，尽管最后他未必会采用。如果担心自己的想法太过主观，可尝试从多个角度切入问题，如此可以尽可能地确保客观、公正。

10. 在倾听时，切忌东看西望，或者自顾自地做其他事情。

情绪爆发前先暂停30秒

小不忍则乱大谋，把负面情绪马上爆发出来确实很酣畅淋漓，但是情绪这东西，如果你不控制，它就可能泛滥成灾，跟着你一辈子，最终只会让你目光短浅，让你在成功的路上一败涂地。

职场是上班族最易滋生怒气的地方。一般来说，工作时遇到挫折、不被重视、和同事勾心斗角、恶性竞争，或是公司制度和环境不够健全、开放等，都是引发职场愤怒的原因。对于年轻气盛、刚走上工作岗位没有多久的年轻女孩来说，更是不能承受别人对自己的一丝微词。其实，谁都不愿意承受外界对自己负面的反馈，尤其是自己内心并不认同的评价。但是，职场如江湖，难免会与人有利益之争，难免会有不公平的事情，所以爆发情绪就成为感性女孩首选的表达不满的方式。因为自己是“性情中人”“率直本真”喜怒哀乐难免反映在脸上，如果积压在心里，很容易憋出心理疾病或造成身体的伤害，比如失眠、胃痛等。一般年轻女孩都会觉得，与其郁闷至极，强忍自己痛苦，倒不如痛快地发泄出来，大不了去别处另谋高就。

说实在的，女孩，你的这种性格不怎么适合在现实社会中行走。小不忍则乱大谋，把负面情绪马上爆发出来确实很酣畅淋漓，但是情绪这东西，如果你不控制，它就可能泛滥成灾，跟着你一辈子，最终只会让你目光短浅，让你在成功的路上一败涂地。

小佳是一个刚毕业的女孩，刚到一家酒店的商务中心工作。她感觉自己完全能应付工作中的各种状况，和同事关系也不错，只是带她的女经理总是对她很冷漠，还给老总打小报告说她工作浮躁、不能独立完成工作之类的坏话。这让小佳很生气，有几次她都想直接对经理发火，但是都被同事劝住了。小佳向室友抱怨："与我同来的相同职位的是一个男生，女经理就喜欢带他，那男的也特会来事，整天溜须拍马、投其所好，把经理逗得可开心了。那人工作能力不如我，什么都推给我做，女经理还说他业务精通、工作认真，我真想不干了，反正又不是找不到工作。"室友让她耐心点，再等等，毕竟公司不是女经理开的，这么快就从一家大酒店辞职，太不划算了。倒不如沉下心来，做出点什么，到时候再让他们刮目相看，那才叫扬眉吐气呢！

听了室友的话，小佳就开始认真地做报表、写计划书。但是情绪还是时有波动，对女经理也爱理不理的，还好在室友的不断劝解下，小佳在这个大酒店学到了很多对今后自己发展有用的东西。不久，女经理因为个人原因被调走，小佳凭着解决酒店问题的能力接手了女经理的工作。

时过境迁，小佳很庆幸当时自己没有临阵脱逃，庆幸自己有这么一位智慧的室友，也很庆幸自己当时没有对女经理发飙。如果当时斗气的话，别说经理的职位自己坐不上，就连能否在这个知名酒店里生存下去都会成问题。

成了经理的小佳也时常反思自己与女经理的所谓过节，她觉得女经理可能是一个很狭隘的人，自己的锋芒太外露了，她就受不了，而那位男同事很会讨喜，当然博得经理的欣赏了。如果当时的自己能学着收敛点，对女经理的冷漠和批评暂时不要往心里去，对她多一些微笑，说话温柔点，这样两人可能就能心平气和地对话了。再说，毕竟自己是新人，是个刚毕业、初涉职场的人，在如何沟通、如何打扮谈吐、如何为人处世上都有欠缺，所以不管对什么领导，都应该抱着谦虚求学的态度。如果当时的自己能这样想，而不是那么偏激的话，自己也可能与女经理成为朋友了。

小佳空闲时就这样反思自己的过往，总结经验教训，以期能往更高层次发展。其实，人生不如意事十之八九，职场上不公平的事也有很多，如果真要生气的话，那会有生不完的气、斗不完的嘴。生气、斗气不如争气，学点真东西，才是自己安身立命的资本。生气发火能解决多少问题呢？把动不动就生气、火冒三丈等恶劣情绪都丢掉吧，那是小孩子的表现，不是成人的表现。对女孩来说，尤其应该控制自己的情绪，要学会用微笑对己对人，因为愤怒会拉扯你的脸部皮肤，容易滋生皱纹，让你变得丑陋。当自己要爆发时，不妨先暂停30秒，想想这件事的来龙去脉，想想问题是否出在了自己身上，自己有没有表达不清的地方，引起了他人的歧义。先从自身找原因，就会使自己冷静许多，也能帮助自己更好地做出判断。

虽然职场上的愤怒必不可少，但是，女孩切不可被愤怒冲昏了头，否则灼伤的不仅有别人、还有自己，更有甚者，会影响自己安身立命的工作和更广阔的未来。

下面是两个为自己情绪降温的有趣方法，女孩们可以尝试一下。

1. 数十二种颜色法。环顾一下周遭的颜色，数到十二种颜色最好，比如桌上的茶杯是黄色的，墙角的植物是绿色的，小张的外套是红色的，小李的衬衣是黑色的，小赵的裙子是蓝色的……如果能数足够多的颜色，你会冷静许多。

2. 滑稽解释法。比如当你的老板对你大吼大叫时，你心里可以默默地对自己说："你才是白痴呢！"或者"老板真可怜，他现在正在气头上，难免胡言乱语，等下他冷静后我再跟他解释清楚。"

学会与自己不喜欢的人相处

与自己相似的人共处，人生会轻快许多；与自己不同的人，甚至可能是自己不喜欢的人共处，可以使人生更加深刻和圆满。

唐骏是位非常受欢迎的明星职业经理人，这是人尽皆知的事，但很多人却不知道他为何能做到。其实，唐骏除了拥有过人的才华之外，他在为人处世方面也有很多过人之处。唐骏总结自己20多年的社会经验，他认为：人在社会、人在职场，难免要与人打交道，这时，如何让别人喜欢自己就变得非常重要，最有用的一条就是努力喜欢你周围的人。

唐骏说："我强迫自己喜欢我周围所有的人，这个很难。因为过去我不喜欢他，变成我喜欢他，刚开始我心里承受不了。"但是刚开始时，一定要强迫自己努力去寻找对方的优点，并不断培养他的优点。慢慢地就变成了一种习惯，看到一个人就去发现他的优点。这样你在接纳、喜欢别人的同时，把自己的性格也改变过来了。你会发现自己变得越来越豁达、阳光、心胸开阔，这样的人就是有吸引力的人，别人也愿意亲近，你的好性格也就这样锻炼出来了。唐骏一再强调：人如果能够改变自己的性格，那么对于个人未来职业的发展必会起到良性作用。

职场如人生，充满了诸多无奈，像唐骏这样清醒、分寸感拿捏到不可思议地步的人太少了。作为普通人的我们只能与自己相同气质、相同境遇、相同爱好、相同品质的人相处，只有与这些人相处时，我们才能感到愉悦，才能共同分担工作与生活的压力。而与那些和自己价值观、道德观、行为方式不同的人相处，我们会感到别扭，有“话不投机半句多”的无聊感，很多时候还会心生反感，矛盾积累到一定的程度就会恶语相向甚至会大打出手。很多时候，我们会恨不得自己讨厌的人就此消失，或者老死不相往来，又何谈喜欢他们？但是社会上总有些人是我们不愿意与之相处的，他们也往往是我们低头不见抬头见的人，根本无法躲避他们，也无法摆脱他们，与其痛苦，倒不如向唐骏学习，强迫自己喜欢他们。

再说，如果你只是与自己相同境遇、相同爱好、相同品质的人在一起，你的思想很可能是片面的，你的知识结构、你的社会经验都是残缺的。有句话说得好，正是我们所谓的敌人使我们时刻警醒、谨慎，而那些冷漠对待我们的人使得我们更好地学会自立。是他们让我们敏锐地看清了自己，是他们让我们变得强大，成就了现在坚强的自己。任何人，包括你不喜欢的人，对你而言都是有价值、有意义的。没有永远的敌人，也没有永远的朋友，唯有永远的利益。你要接受这样的事实，你就要有这样的气度，因为气度决定高度。

晶晶和萌萌是同事，因为都是刚到这个公司，所以就住到了一块。本想着两人合租房子，这样不仅价格便宜，两人还能相互照顾，作为同事，工作上也可以相互指点下。但是不到一周，晶晶就开始不喜欢萌萌，两人作息时间不同，晶晶是早睡早起的鸟儿，而萌萌是夜猫子，有时候还会熬通宵，这让睡觉很轻的晶晶很难受。她旁敲侧击了萌萌好几次，萌萌依然我行我素，觉得她已经戴耳机、用台灯了，还能让自己怎么样？索性就不理晶晶了。晶晶每晚听着萌萌飞舞有力的键盘声，就后悔自己当时不应该太急着合租。要命的是萌萌还是不爱干净、不讲卫生的人，这样，家务活几乎都压在了晶晶的头上。晶晶想租房合同到期就搬走，有了这样的想法后，晶晶绷着的脸就放松下来了，想想都是出门在外打工的人，就主动对萌萌和颜悦色起来，这样就结束了两人的冷战。

一次在工作中，领导交与晶晶一个很着急的项目，因为客户赶着要，晶晶就只能加班加点了。要命的是那个项目晶晶太陌生了，之前根本就没有接触过。大大咧咧的萌萌看着晚上唉声叹气的晶晶，就主动帮忙了，原来萌萌在大学时就研究过与这个项目相关的课题。在萌萌的帮助下，晶晶如期完成了领导交给的项目，也得到了客户的认可。

试想，如果晶晶不主动给萌萌示好，萌萌会帮助她吗？所以，即便是自己不喜欢的人，也应该笑脸相迎。“种瓜得瓜，种豆得豆”，即便对方并没有帮助自己什么，但是至少你工作的氛围和过程是美好的。所以女孩，在职场中，不要得理不饶人，不那么敏感反而更有利于自己性格的完善。

与自己相似的人共处，人生会轻快许多；与自己不同的人，甚至可能是自己不喜欢的人共处，可以使人生更加深刻和圆满。说到底，人是社会性动物、群居动物，任何人都不能离不开他人、我行我素，像鲁滨逊那样的孤胆英雄在当今社会是无法生存的。二十几岁初入职场的女孩，要懂点人情世故，少树敌、多铺路，这样你才会收获更多，早日取得事业的成功！

宽容比批评更能改变人

狭隘的人如果一直背着怨恨上路，心中的怨恨就会如杂草，绵延不绝，且剪且生，且生且繁，使其自扰、自毁，不能自拔，如同坠入茫茫苦海。而只有当你原谅了别人的过失时，你才能解开心锁，释放自己。

森林里住着一位善良的猎人，他靠在森林中安装捕兽套子捕捉野兽为生。有一天，他像往常那样去收套子，结果发现套子上只有动物脱落的毛，显然动物已经被人取走了。这让猎人很生气，他很想找出偷走他猎物的元凶，于是就在套子边留了条子，他不会写字，只好画了一张很生气的脸。第二天，他去收套子时，发现套子上连动物的毛也没有，只有一片大树叶，树叶上面画着一个大圈，圈子里有房子，房子旁边还有一只狂吠的狗。猎人不解，越发生气，他决意要把这个人揪出来，于是就在纸条上画了正午的太阳，还有两个人站在捕兽套边。第三天他果然见到了那个偷他野兽的人，原来是一个浑身插满了野鸡毛的印第安人。他们言语不通，只好用手势比划，两人看着对方，都觉得对方模样古怪，就大笑起来。猎人想，与其多个敌人，还不如多一个朋友，于是他就大方地将捕兽套送给了那个印第安人。

有一天，猎人遭遇狼群的围攻，被迫跳下悬崖，等醒来时，他发现自己正躺在印第安人的帐篷里，那个印第安人正在给自己上药。此后，这位猎人就与印第安人共同打猎，生活在一起了。

美国历史上一位伟大的总统就是听着这个故事长大的，他就是亚伯拉罕·林肯。在这种宽容教育熏陶下长大的林肯待人真诚而宽容，他在出任总统后曾经任命过一位陆军部长，此人名叫斯坦顿。7年前，他们同为律师，但是斯坦顿是这样侮辱林肯的："我不能和这个荒野村夫一起出庭，他衣冠不整，简直像一个大猩猩。""我不愿同那个笨蛋、老憨、长臂猴为伍。人们为什么要到非洲去寻找大猩猩，现在坐在白宫抓耳挠腮的不就是吗？"林肯听后说："我决心牺牲一部分自尊，要指派斯坦顿担任陆军部长。因为他绝对忠于国家，富有本能的力量和知识，像发动机一样工作不息。"

正是靠着真诚和宽容，才使得林肯这个贫寒卑微出身的人，在北美大陆上获得了成功。继母说的"你愿意要朋友，还是要敌人呢？"这句话永远在他耳边回荡，不管是做售货员、邮递员、测量员、木工，还是律师、总统。他深深地知道，只有学会宽容别人，才能使自己的路越走越宽广，人如果在社会上到处树敌，将很难取得成功。据说在林肯的总统办公室里还挂着这样的条幅："宽容比批评更能改变人。"

女孩，学会宽容吧！无论在职场还是生活中，有人的地方就会有矛盾。要想使自己真正得以解脱，忘记痛苦的回忆，唯一的方法就是宽容。狭隘的人如果一直背着怨恨上路，心中的怨恨就会如杂草，绵延不绝，且剪且生，且生且繁，使其自扰、自毁，不能自拔，如同坠入茫茫苦海。而只有当你原谅了别人的过失时，你才能解开心锁，释放自己。原谅和宽容别人，是一种慈悲，更是一种解脱！抛开心中的怨恨、不满、不甘等这些负面情绪，你就能看到被自己灰色的情绪乌云遮住的灿烂骄阳，重新感受到人间的欢乐，得到久违的友谊和温暖，释放你沉重的心灵。人非圣贤，孰能无过？你能保证自己就不会做错事，不需要别人原谅吗？记住：不会宽容别人的人，不配得到别人的宽容。

低调做人，你会获益无穷

职场上越聪明的人越要谦虚。因为你还未开口，别人就已经把你当成了假想敌，如果这时你再处处锋芒毕露，往往首先受到伤害的就是自己。

小鹤很敬业，工作上手也快，经理时常表扬她。但不少同事看她不顺眼，因为她对同事经常爱答不理。只要她一不小心做错了事，同事们就会说：“小鹤，这种错误你也会犯？”小鹤觉得自己能力强，讨经理欢心，就越发不理同事，经常摆出难看的脸色给同事看。她的脸色难看，同事的脸色自然也好看不了，他们的关系就像橡皮筋，过一段时间就绷紧。虽然最后还是会弹回去，但谁都知道，橡皮筋的弹性是有限度的，小鹤与同事的关系越来越紧张。

小鹤的业绩一直是同事中最突出的，经理也有意提拔她。但是，当他向下属们询问对小鹤的评价时，大家要么闪烁其词，要么沉默不语。

最后，同事们达成的共识是：他们不会接受这位冷美人和独行侠来当“领头羊”，因为在她手下做事，肯定会有一种如芒在背的感觉。

经理没有想到业绩这么出色的小鹤人缘竟然这么差，最终，他只好打消了提拔小鹤的想法。虽然经理很器重她，但是他也不得不考虑大部分人的意见，经理向小鹤暗示了她晋升失败的原因。

职场上能力很重要，但是人际关系在成功中的比例占到了85%，除非你一辈子从事单个项目，从事专业的技术性工作，只有这种工作不需要团队的配合，也只有这样的工作才适合这些人际关系有障碍的人。那么，女孩，你愿意做这样的“独行侠”吗？

其实，小鹤的做法就是没能低调做人的典型表现，职场上越聪明的人越要谦虚。因为你还未开口，别人就已经把你当成了假想敌，如果这时你再处处锋芒毕露，往往首先受到伤害的就是自己。女孩，在职场，即使你满腔豪情、雄心壮志，也不要急着在短时间之内消耗殆尽。应该低调一点，与同事搞好关系，这样既能表现你的团队意识，又能表明你的宽容与大度，何乐而不为呢？厚积薄发大多时候都是一种很好的生存法则，不要认为这是进取心和激情的退化。没有团队意识，很多事情做起来就会有牵绊，这样离真正意义上的成功就会越来越远。

还有一种低调，是爱美的女孩们尤其要注意的，那就是装束和化妆上的低调。

倩倩通过了各种笔试和面试，终于进入一家事业单位工作。她为了适应事业单位的工作氛围，特地把自己从头到脚包装了一遍，为的就是能顺利通过单位的试用期。她穿得特“职业”，还剪了干练的齐耳短发，这个平时被朋友喊成“疯丫头”的倩倩，终于得到了人事部经理的赞许。人事部经理对她说：“现在的职员应该知道怎么化妆，尤其是有机会面对外商时，更应该重视化妆，不然外商会觉得你不尊重他。”

倩倩表面上毕恭毕敬地听着，但是心里却笑得差点儿背过气去，她觉得经理唠叨。人事部经理一说完，她就把随身携带的皮包放到了办公桌上。经理好奇这个小女孩皮包里的东西，倩倩就打开了。这一看，把人事部经理的眼睛都看直了，那皮包根本就是一个迷你化妆箱，里面闪闪亮亮的眼影、唇彩璀璨无比，那些是她准备下班后和朋友去酒吧疯玩要用的东西。

人事部经理愣了一下，然后就借故走开了。三个月后，倩倩没有通过试用期。

女孩子都爱美，想把自己打扮得花枝招展的，这本身没错，但是要分清场合。工作环境是正式场合，什么样的场合就要穿什么样的着装。装束最能体现你的品位和习惯，化妆更是如此。你从事什么工作，与你的工作相符的装束是哪一种，都会有或明确或隐性的规定。职场女孩千万不要任性，以致穿错服装、化错妆，比如，国企、事业单位相对比较保守，而彩妆就太扎眼，让保守人士无法接受，所以在着装上，女孩也要低调点。如果第一天穿得不得体，第二天就要马上补救过来，这样的人才是聪明人。

女孩，在职场上，不管是与同事、上司相处，还是在职场仪表上，都应该学会低调。低调是你事业起步的保护色，也是你厚积薄发的发动机。低调做人，低调做事，你定会获益无穷。

人脉篇

高质量的人脉会让你的人生犹如坐上快艇

任何人在这个社会上生存都要与他人打交道，既然如此，随时随地编织人脉网就显得尤为重要了。聪明的女孩都懂得，储蓄高质量的人脉可以让自己更快地抵达成功的目的地，这样的人生就犹如乘坐上了快艇，简单且直接，不必做太多无用功就能实现自己的理想。的确，“多一个朋友多一条路”这句名言似乎永远都不会过时，当你有了充分的人脉基础时，你的道路将变得更加宽广。所以，不要将你的“人脉圈”圈起来，而要想办法将这个圈变得更大、更有价值。

你会什么不重要，重要的是你认识谁

须知，站在巨人的肩膀上，你才能看到更美的风景。借助外力，才能加快你成才、成功的步伐，从而为你开启成功之门，让你不断地成长，不断地贡献社会。

现代社会是人际关系网纵横的社会，要知道在如今这个讲究双赢和多赢的时代里，一个孤军奋战的英雄是难以成就大业的。只有通过强大的人脉平台，才能成就一番事业。人生在世最大的艰辛是什么？就是一个人要像孤胆英雄那样在社会中单打独斗，这是生活中最大的艰辛，也是这个世界上最难做到的事。

没有哪个女孩不渴望幸福，不渴望拥有优质的生活，那么女孩，在埋头积累实力的同时，别忘了建立自己的人脉，别让自己做孤胆英雄、人生路上的“独行侠”。须知，站在巨人的肩膀上，你才能看到更美的风景。借助外力，才能加快你成才、成功的步伐，从而为你开启成功之门，让你不断地成长，不断地贡献社会。好莱坞最流行的一句话，就是“成功，不在于你知道什么或做什么，而在于你认识谁”。美国石油大王约翰·D. 洛克菲勒也说过：“我愿意付出比天底下得到其他本领更大的代价，来获取与人相处的本领。”人脉的重要性就显而易见了。女孩，尽快加强自己人脉网络的稳定程度吧，相信你会拥有更多的财富！

女孩可能会说："作为一名普通老百姓，我没有关系，没有后台，圈子也小，怎么能认识更多人呢？"我们大多数人想必都会有这样的想法。但是，只要你有结识别人的心，能认识到人脉的重要性并付诸切实的行动，你的人脉网就会扩展起来。

乔·吉拉德，这位世界上最伟大的推销员出生于美国底特律市的一个贫民家庭。在他35岁前，他是个彻底的失败者，他换过40个工作均一事无成，走投无路的他只好去卖车。没想到，在卖了3年车后，他的命运发生了颠覆性的大逆转。他以年销售1425辆汽车的成绩，打破了汽车销售的吉尼斯世界纪录。在他15年的汽车销售生涯里，他总共卖出了13001辆汽车，这些车全部是一对一销售给个人的。他是如何认识这么多人的？实打实的购买者已经过万，那么潜在的顾客，或者没有成交的顾客又会有多少？

当他在世界各地演讲时，每每都会被人问及这个人脉的问题。他的回答令人吃惊，还在演讲期间，他就亲身演示了打造人脉的诀窍，那就是让自己的名片满天飞。

虽然名片可能会遭遇落到地上没人捡或是被人践踏的尴尬局面，但是名片小成本却是大收益。所以他的名片几乎是漫天飞舞，散落在他所能到达的每一个角落。这样，他几乎是向每一个人推销。他在餐馆就餐付账时，也会把名片夹在账单中。这种做法虽然让人觉得奇怪，但是正是这个奇怪的举动帮他认识了一批批的人，帮他做成了一笔又一笔的生意。

让别人知道自己是干什么的、卖什么的，这样当别人对你卖的东西有需要时，他们自然会首先想到你，这就是乔·吉拉德结识别人、扩大自己知名度和人脉网的诀窍。

乔·吉拉德的客户众多，其中包括：通用汽车（General Motors）、通用电气（General Electric）、3M、IBM、惠普（Hewlett-Packard）、福特汽车（Ford Motors）、西尔斯（Sears）、哥伦比亚广播公司（CBS）、卡夫（Kraft）、邓白氏（Dun&Bradstreet）、约翰迪尔（John Deere）、芝加哥联邦储备银行（Federal Reserve Bank of Chicago）、玫琳凯（Mary Kay Cosmetics）、戴姆勒-克莱斯勒（Daimler Chrysler）、西瑞游艇（Sea Ray Boats）及其他全世界数以百计的广告与销售俱乐部。

一个业务员如果有足够多的人脉，那么他一定可以更加顺利地完成他的工作。如果说乔·吉拉德的故事，只是让别人认识他而使得他人脉大增的话，那么下面的故事则更能说明“你认识谁”的重要性。

美国一位不出名的作家为了自己的书能畅销，就想让人帮忙宣传一下。但是他冥思苦想，也找不到可以帮助自己的人，无奈之下，他只好去找与自己从小一块长大、现在已经贵为总统的朋友，因为他实在不认识其他名人了。但是总统先生很忙，根本无暇顾及他，就随口说了一个字：“好！”于是作家就让人在他的书的扉页上写下了这样一句话：这是一本总统先生说好的书！于是大卖。第二次，这位作家又写了一本书，尝到甜头的他又拿给总统看，总统先生汲取上次教训，说：“不好！”作家又如法炮制，在书的扉页上写下“这是一本让总统先生说不好的书！”于是又大卖。第三次，该作家的书上写的是“这是一本让总统先生彻底无语的书！”于是这本书比前两次卖得还好。读者就是想看看让总统先生说“好”、“不好”和“无语”的书，到底是什么样子。

这位作家虽然不出名，但是他认识总统，他巧妙地借助了总统的威名，利用名人效应，使自己的书大卖。可以想象，如果他不认识总统，那么他就难以使他的书大卖，因为这是个“酒香也怕巷子深”的时代。

女孩，无论在生活中还是在职场上打拼，你都应该有意识地去开发自己的人脉，找寻自己的贵人。单靠个人力量发展，实在太艰辛，发展也有限。如果有良好的人脉，那么你就可以借助人脉的力量步步攀升，让自己快速抵达成功的山顶。

让别人觉得你值得交往

我们在交往中总是在交换着某些东西，这些东西或者是物质、或者是情感、或者是其他。人们都希望通过交换而得到对自己来说有价值的东西，希望在交换过程中得大于失或至少得等于失。

犀牛是一种很凶猛的动物，但是，它却整天驮着一群小白鸟。犀牛之所以容忍小白鸟在自己背上胡作非为，是因为它皮肤松弛，皮下脂肪发达，有许多褶皱，褶皱里钻进不少寄生虫吸食自己。让小白鸟寄生在自己背上，它们会为它清理身上的寄生虫。如果发现什么特殊情况，它们会骤然起飞，大声啼叫，这样就会引起犀牛的警觉。所以，犀牛与小白鸟谁也离不开谁，他们是彼此共生、双赢的关系，。

绿虾一生都生活在扁鱼的嘴里，按说这是非常危险的事。但是扁鱼绝不会把绿虾吞进肚里，因为绿虾会晃动自己来吸引其他小鱼为扁鱼充当食物。

自然界中，这种食物链上各环节相互“利用”的例子不胜枚举，人类社会也是这样。对彼此都有利、都有好处，能达成双赢，当然要结成联盟了。

战国时期，小国为了不被大国吞并，就会与邻国签订盟约。一方有难，一方有战争，对方必须协同作战，这就是小国之间最典型的捆绑式互助。

在职场中，人难免会被人利用，从我们进公司的那刻起，员工与公司之间“相互利用”式的交易关系就形成了。同事之间也是如此，如果你是个博学多才、见多识广、经验丰富的人，那无疑你就是镁光灯的中心；如果你只是刚毕业的、没有任何经验的职场新人，再加上本身也没有什么人格魅力的话，那自然是无人问津或者是被人踩在脚下的对象。

也许有的人会说这种人势利、冷漠，但这绝对不是挑剔的借口。同事不是你的家人，不是你的朋友，他们没有义务培训你。从这个意义上来说，一旦你发现自己被人利用了，你反而应该高兴，而不是愤愤不已，就像实战型培训大师余世维老师说的：“能被人利用也是件很幸福的事情！”被人利用就说明你还有被利用的价值。如果有一天，你发现自己已经没有什么东西可以被人利用了，那么即使你想让别人利用，别人也不会利用你了，这将是多么悲哀的事情。自己如果失去了被社会利用的价值，那么无疑就会变成社会的负担、别人的累赘。女孩，一定要记住，人一旦失去了被人利用的价值，那么也就失去了存在的意义。

著名的社会心理学家霍曼斯也提出过这样的观点，他认为人际交往在本质上是一个社会交换的过程。虽然，一直以来，人们最忌讳将人际交往和交换联系起来，认为一谈交换就很庸俗，或者亵渎了人与人之间真挚的情感。其实，这种想法大可不必有。我们在交往中总是在交换着某些东西，这些东西或者是物质、或者是情感、或者是其他。人们都希望通过交换而得到对自己来说有价值的东西，希望在交换过程中得大于失或至少得等于失。对于失大于得的交换，人们往往倾向于逃避、疏远或中止这种关系。

女孩，既然别人都是抱着这样的心理在交往、在交换，那么你就首先要做个能让人利用的人，这样愿意与你交往的人才会更多。他们会觉得与你交往值得，到最后他们也愿意被你“利用”。

华人首富李嘉诚早期创业时就深谙“被人利用”的万能理论，他说：“有时看似是一件很吃亏的事，往往会变成非常有利的事。”他与客户做生意，分利时，如果拿7分合理，8分也行，他往往只拿6分。表面上看他让利2分给了对方，就好像被对方“利用”了一把，被对方占了便宜；其实他心里清楚，自己如果不这样做的话，那么可能就有很少的人愿意下次与自己做生意了。这样貌似被人“利用”了一把，实则会有更多的人愿意与自己长期合作。此外，他的合作伙伴还会给他带来更多的合作伙伴，长远来看，他就会有滚滚而来的财源。

能被人利用是你立足于世的资本，也是你吸引别人、建立人脉的资本。女孩，在职场上，在生活中，不要怕被人利用，怕的是自己没有值得别人利用的资本。比如你的策划、创意被主管占为已有了，至少通过这件事，你知道了他的为人，看清了他的真面目。他没有真正的实力，那么他能屡次得逞，屡次抢了别人的创意吗？是金子总会发光，也总会吸引人来。

寻找并建立自己的价值，让自己成为贵人，然后把自己的价值传递给身边的朋友，并促成更多信息和价值的交流，到那时，你不想别人联系你都难。

交友要慎，弃之更要慎

出门在外，人都需要朋友。有了朋友的同行，我们才会觉得这个社会不是望不到边际的沙漠，自己不是一个可怜的孤独者。

不管什么年代，每个人的人生中都少不了朋友这一角色。友谊是人们不可缺少的，几乎每个人都有寻求友谊的愿望，都渴望有更多的朋友伴随自己左右。但是，正是因为人们对友情的渴望，才使得我们很容易在交友的过程中犯下盲目的错误，最后给自己和他人都带来伤害。

李米刚到一家公司上班，因为距离公司有两个小时的车程，李米决定搬到公司附近去住。小艾是上个月新来公司的，现在住在公司附近，她也想找个人合租，所以她就找李米说了合租的事。李米想马上就搬过来，但是与小艾也不熟悉，觉得两个不熟悉的人合租是一件麻烦的事，万一关系没有处理好，恐怕会影响同事关系。她开始细心观察小艾，她发现小艾特别勤快，保洁员忘记倒掉的隔夜垃圾有了味道，她一告诉小艾，小艾马上就倒了。她还问了小艾晚上的睡觉时间，她一听是11点，还不算晚，就凭着这两点，她觉得小艾人还不错，作为同室共处的朋友应该没有问题。于是李米在一周后，就搬到了小艾的住处。

有了说话的人，李米顿时觉得生活惬意起来。但是好景不长，她就发现了小艾远非自己想象中的那种女孩，她不仅经常凌晨两点睡觉，还不打扫卫生。最要命的是，小艾思想前卫，经常说些婚外恋、小三之类的话题，经过几番闲聊，她发现小艾正与一位已婚男士在交往。每晚的闲聊都是这样的话题，这让性格保守传统的李米很是苦恼，家务活隐忍全包了，最后耳边还要忍受这样的聒噪。所以，她提出要搬出去住。

此后，在公司，她就耳闻关于自己的流言蜚语，不用猜也知道是小心眼的小艾传播的。因为李米与她同住没有两个月就搬离了，这让小艾觉得很没面子，怀恨在心的她就在公司散播流言蜚语，这让李米后悔当初那么轻易就做了和小艾合租的决定。

对合租朋友的选择尤其需要慎重，因为对方是你“同室共处”的人，是你在最没有戒备心理下相对“最亲”的人。如果是同事的话，就很麻烦了，处得好，两人会形同姐妹，共同面对工作与生活上的烦恼与压力；一旦处得不好，就会波及职场上复杂的人和事，严重的话，她会抖露你的情史、辛酸的童年，甚至是家庭状况等。这种隐私经过别人重新包装，就不知道会变成什么味道了。女孩，在找合租的同事时，一定要拉长了解的时间。同事关系是块烫手的山芋，处理不好，你在公司的职场前途将会受到重创。

出门在外，人都需要朋友。有了朋友的同行，我们才会觉得这个社会不是望不到边际的沙漠，自己不是一个可怜的孤独者。但是世上真正的友情是罕见的，并不是每个与自己有交集的人都适合做自己的朋友。感性的女孩在择友时，一定要慎重，要尽量延长了解那个人的时间，这与爱情降临时尽量拉长时间考验一个男人是同样的道理。

开始一段友情需慎重，结束一段友情更需要谨慎。结束一段友情，意味着你已经开始这段友情一段时间了，已经对对方有了一定的了解。比如你们是高中时代的同学、大学时代的密友，有近10年的岁月交集，如果因为一时的生气而绝交就太不值得了。就像有句话所说：“不能和好的朋友不算朋友。”别为了一点芝麻小事就否定你们之间的交情。红尘中，有一个可以与自己相知相交近10年的朋友是不易的，所以一定要学会珍惜。

那些拥有悲观哲学的人只会消耗你的时间

近朱者赤，近墨者黑。我们每一个人从生下来之初，都是一样的人。也就是说，先天的因素其实差别不大，差别在于后天的努力。

鹰的一只蛋从鹰巢里滚落，掉在草堆里，被人发现。那人误以为是鸡蛋，就拿回家放到了鸡窝里。鸡窝里一只母鸡正在孵蛋，这颗蛋和其他小鸡一起就被孵化出来了。从此，它就过着鸡一样的生活：在垃圾堆里找食物吃，与其他小鸡嬉戏，像小鸡那样“咯咯”地叫。它从来没有飞过几尺高，因为小鸡们只能飞这么高。它认为自己就是母鸡，但是因为长相古怪，它经常遭受其他小鸡的欺负和挖苦，它感到非常孤独、非常痛苦。

一天，它看到一只鹰在万里碧空中展翅翱翔，就问母鸡："那只能飞那么高的鸟是什么？"母鸡回答说："那是一只鹰，它是一种非常了不起的、至高无上的鸟。""喔，那只鹰真是了不起，飞得那样潇洒！"它发自内心地羡慕："如果有一天，我也能像鹰一样飞起来，那该多好！"母鸡怜悯地说："你不过是一只鸡，不能像它那样飞翔，认命吧。"它的伙伴们更是毫不留情地训斥它说："简直是痴心妄想！你生来就是一只鸡，甚至鸡们都为你的丑陋感到丢脸，你怎么可能像鹰一样飞呢？"于是，这只鹰接受了这种观点，没尝试去飞，也没有想过与母鸡们做不一样的事，这只鹰就像鸡一样度过了自己的一生。

这个故事中，虽然不能说母鸡们是悲观的，但是也正因为她们的消极影响扼杀了小鹰的潜能，最终造成了小鹰的悲剧。试想一下，如果小鹰身边有鹰的影响，它不是与母鸡为伍，那么它就可能改变自己的人生了。它本来就是应该翱翔于天际的雄鹰，结果却像鸡一样度过了自己的一生，最后也像鸡一样死去，鹰的特长就这样被扼杀了，多可惜啊！

近朱者赤，近墨者黑。我们每一个人从生下来之初，都是一样的人。也就是说，先天的因素其实差别不大，差别在于后天的努力。绝大多数人的成功靠的主要还是后天的努力，这时我们周围的环境、在这个环境里接触的人就成为影响我们成功的重要因素。

这只小鹰的故事还可以有另一种结尾：

长大后的小鹰已经出落得很像雄鹰了，母鸡的主人见多识广，他这才意识到自己捡的不是鸡蛋，而是鹰蛋。他很想放了这只不属于这里的小鹰，但是小鹰只想待在某个角落里、墙壁边，找点儿别人的剩饭、碎米来填饱自己的肚皮。它也只会在地上瞎扑腾，好不容易才能蹿上墙头。主人无奈，为了激发它的潜能，就告诉它："你是一只雄鹰，不信的话，你可以看看天上飞的雄鹰。"但是小鹰还是不为所动。主人不想埋没小鹰的特长，只好把它带到悬崖边，然后狠心地撒手将小鹰扔下悬崖。他说："你会找到雄鹰的感觉，只要你大胆地展开翅膀，你会飞到太阳的身边。"小鹰垂直地从悬崖上掉下来，就在急速坠落的过程中，这只小鹰终于听信了主人的话，开始扑棱翅膀，在坠地之前它果真飞起来了。

可见，一个人的成功与周围环境、周围的人有很大的关系。如果有个人整天在我们耳边像祥林嫂那样诉说她的悲伤，倾倒她的情绪垃圾，那么，我们有一天也会变成像祥林嫂那样的人——整天只知道抱怨和发泄，而不是想着改变，更不会努力改变自己；如果我们身边都是积极乐观的人，都是敢于冒险的人，那么我们也绝不会变得唯唯诺诺。

尽量不要和思想消极的人频繁交往，因为快乐会传染，消极的情绪更容易传染，而且悲观、消极的情绪远比积极的情绪更容易散播开来。女孩，请尽量远离那些拥有悲观哲学的朋友吧，他只会浪费你的时间，扼杀你的生命。你辛辛苦苦、好不容易累积充好的能量，很可能因为他几句消极的话就一下子被释放完了。你应该多和那些一直相信自己可以做到并努力实践的人交流，从中分享他们的能量。同时，你也可以和他们相互鼓励，成为彼此信赖的朋友，这样你们才能共同进步，取得成功！

多与成功的人交往，你也能早点儿麻雀变凤凰

有句话说得很对：“要看一个人是什么样的人，先看他的朋友。”你朋友的身价决定你的身价。

康康和西西是大学时最要好的姐妹，两人虽然同在一座城市，但是因为距离遥远，平时两人都忙，所以一年到头很少见面。三年后，两人相约在必胜客见面，聊聊彼此的近况。当质朴

的西西看着光艳照人、谈吐不凡的康康来到自己身边时，她竟然没有马上认出她来，她不禁心底掠过一丝自卑；而康康在进入必胜客的一刹那，就在人群中马上找到了西西，因为西西三年里都没有任何变化，还像大学时那样脸上有一层悲苦和抑郁的气息。

她不禁问西西："你现在过得怎么样？"西西说："我还是老样子。"之后两人就仿佛回到了无忧无虑的大学，心里的不适感就慢慢消失了。健谈的康康说："我打算明年买房，看着身边的朋友买房的买房，买车的买车，我羡慕死了。我认识的人都比我强多了，虽然在他们面前，我自惭形秽，感到很大压力，但是我从他们身上学到了很多东西。之前不感兴趣的股票、基金，我现在也开始研究了，还有各种车市的行情，我都在研究。我感觉现在生活得很充实，需要我去实现的梦想也很多。"而西西就不说话了，半天她才苦笑着说："我认识的人还没有一个买房买车的，他们很多人情况都不如我。我经常与咱们以前的同学联系，发觉大家过得都差不多，我现在感觉生活就这样了，也没有什么追求。"

同样是毕业三年的两姐妹，为什么想法会有这么大的差异呢？相信女孩不难看出是她们的人脉结构不同，她们认识的朋友不同，才决定了她们的人生走向和人生观的不同。

有很多女孩都像西西那样，圈子单一，不是同学就是亲戚。如果这些人层次不高、思想老土、安于现状的话，那么女孩就会如西西那样不思进取起来。即便自己也觉得这样的生活没意思，但是看着周围的人，尤其是自己的父辈、同学也是这样平淡地走完了一生，也还会选择涛声依旧地过着。

如果你身边的朋友都是这些安于现状的温水青蛙型，那么你的生活追求也会是这种追求安逸的、温开水的生活。你一辈子也就这样了，你一辈子的轨迹也就会是这样了。

但是，如果你身边的朋友都是那些买房买车、想去国外发展或者旅行的朋友，那你与这些人谈话的内容就会是房地产、汽车、股票、债券之类的财富梦想话题，或者是赚钱去国外见识的话题。你见到的风景就会新奇一点，人生的压力和动力也相对足一点。在这些朋友的压力和耳濡目染下，你也会奋进，也会向他们看齐，有朝一日你成为这样的人也不是遥不可及的事情。

有句话说得很对："要看一个人是什么样的人，先看他的朋友。"你朋友的身价决定你的身价。如果他们都没有你强，那么你的身价再高也高不到哪里去。反之，如果你的朋友都强于你，优秀于你，那么你也不会多逊色。

多与成功的人交往就是走向成功的一条捷径，因为你从成功人士身上学得的东西要比你先前的压力和自卑更丰富。比如，积极的心态、坚韧不拔的意志、坚定的信念、创新的思维以及和善的个性等，这些软性的东西往往决定着一个人能否成功。相反，如果你经常和失败的人、消极的人交往，那么久而久之，他们身上一些消极的观念和不良的品质就会传染给你，从而也使你成为一个消极的人、一个无所作为的人。试想，两个内向而孤僻的女孩能产生多积极的思想呢?

想成功、想在短暂的人生中有一番作为的女孩，就要尽量多与成功的人交往，提高交友的水准。因为成功的人，他们心态积极、自信、有主见、意志坚强、乐观热情，这些积极的思想是你在消极者那里看不到的。女孩，让成功者，让比你强、比你优秀的人成为你的榜样吧，这样就能缩短你为成功而奋斗的时间!

弗洛伊德是国际精神分析学大师，当时，一个名叫荣格的瑞士青年慕名来到奥地利拜访弗洛伊德，他俩谈得很投机，并很快成为好朋友。荣格后来也成为一名国际级心理学大师，他的名气不亚于弗洛伊德。

多与成功的人交往，你就会感到前行的路上充满阳光。富人与成功者也是一样的思维，他们也喜欢结交比自己强的人，他们的圈子里都是成功人士，因此商机、资金来源、人脉越来越多，越来越充足。而穷人喜欢结交不如自己的人，圈子里的人都是穷人，他的这些负债朋友只会拖着他，让他成为和自己一样的穷人。

二十几岁有无限可能的女孩，如果想成为成功的人，就要尽量多结交些成功人士。这样，就算你是“麻雀”，也可以尽快变成人人艳羡的“凤凰”！

好的人脉从努力成为“有吸引力的人”开始

如果一个人能时时刻刻让他人“耳”“目”一新，那么他自然就能赢得他人的欣赏，从而和他人保持深厚而亲密的关系。

电影《香奈儿》讲述了香奈儿这位时尚大师富有传奇色彩的

一生。她教给女孩的不仅有坚强、乐观、独立、坚持自己的梦想，还有一样东西，那就是她通身所洋溢的、贯穿整个影片的吸引力。无论是纯真的少女时代，还是成熟浪漫的青年时期，抑或是白发苍苍的老年时代，她身上散发出来的吸引力把人们牢牢地聚焦在她身边，让她成为媒体热衷跟踪报道的头号人物。

可见，要想让人过目不忘，要想有好的人缘、人脉，就必须时刻保持自己的吸引力，要有吸引人的力量和魅力。如果一个人能时时刻刻让他人“耳”“目”一新，那么他自然就能赢得他人的欣赏，从而和他人保持深厚而亲密的关系。如果彼此之间已经不再有任何吸引力，那么这段关系便会停止或很难再持久维持下去，经营感情和婚姻如此，经营人脉亦如此。女孩，就从不断提高自我、不断更新自己的思想开始吧，那样才能使自己散发出持久的魅力。

当今社会很现实、很残酷，想与人建立亲密而友好的关系不是件容易的事。最好的方法就是让自己有价值，增加自己被利用的价值，也就是要把自己打造成贵人，那样你的贵人自然就会来到你身边。如同前面篇章所述，让别人觉得你值得交往，那么你就会被他们纳入他们的“圈里人”。毕竟人脉的最高境界是互利，而非单方面的游说。试想，当你发现某个人对你有利用价值，可以帮助你做成什么事，你主动与之建立关系的时候，对方却发现你是个腹中空空的草包，那么结果可想而知——他对与你做朋友就不会有多大兴趣。你要增加自己的实力，努力做个真正“有吸引力的人”，那样就能像磁石一样牢牢地吸引他人了，这就是人际间的吸引力法则。

下面介绍几种让女孩成为“有吸引力”的人的小窍门，供女孩们参考。

1. 涉猎广泛，舌灿莲花，可以从最“肤浅”也最实用的女性话题开始切入

女性一般都喜欢关注娱乐八卦类、时尚休闲类、电视电影类的趣闻，你不妨与之多交谈这些信息。有些女性还对服装、首饰、化妆品非常感兴趣，这个时候，如果你是一位穿着入时、有很多八卦可以爆料的时尚女性，那么你就会比较受欢迎，能吸引别人。如果在这些话题中，再加入一点你有深度的见解，你就会吸引更多人的眼光。这是作为女性无声息打入别人内部的一种实用方法，因为作为女人，天性喜欢谈论这样的话题。就像男性在一起，会通过递烟、喝酒，谈足球、家电、数码产品、流行股票、房地产等话题交到朋友一样。

也许有些女孩会说：“我对那些女性话题不关注，没有一点兴趣。我也没有转移大家注意力的其他话题，怎么办？”那么女孩，你要想想，在社交中，如果你对什么都没有想法，对什么都不关注，那你不就是一个没有想法、很无趣的人了吗？多少人又会喜欢这样的你呢？虽然你平时关注的可能是人文类的、比较大气磅礴的话题，但是社交场合，大家都喜欢放松，说点娱乐类的话题才符合人的心理。所以，各方面的讯息都应该涉猎点，这样不管在什么场合，不管别人说什么，你都能有的聊；再加上点智慧的思想，那么你绝对会成为别人喜欢的人。

2. 帮助自己的唯一方法就是帮助别人

冷漠的社会，市场经济时代，越来越多的人变得自私自利。如果你肯伸出热情的手，那么你的朋友自然会多，你的人脉网自然也会越来越广。如果每个人都抱着“各扫门前雪”的心态，那么这个社会必然会被冷漠充斥，人心也会变成冰冷的沙漠，人与人之间就无亲近感可言了。

3. 适量地阅读

现代人工作忙，有点时间就想放松，但是年轻的女孩，建议你们一个

月至少读一本书。为了加深自己对书的印象，为了能够更好地吸收其精华，最好简单写下自己的读后感或者书评。要养成写感想的习惯，日积月累，你会觉得自己的思想也在慢慢升华。记住，有思想的人有气场。你脑中的思想会让你光芒万丈，会让你的气场无限扩大到与你接触的每一个人，让他们都记住你，愿意围着你。

4. 一周至少看一部电影

最好看的是经典电影，或者是荣获奥斯卡奖的电影，那里面的养料最多，会让浮躁麻木的你沉思很多问题。

5. 一个月最好看两本不同的杂志

杂志都是短小精悍的美文，里面新颖时尚的思想正是你所需要的。

6. 要有看报纸的习惯

不要与时政、法律绝缘，很多人都关心国家大事，你不懂，就是一种落伍。法律就在我们身边，不懂法律，难以维权。

7. 善用百度、谷歌类的搜索引擎

尽量依靠自己的检索能力解决琐碎的日常生活问题，这是女孩自立的表现。这些搜索工具会让你受益无穷，它们不仅能解决你的问题，在其中你还会遇到很多与你想法类似的人，看看他们的观点，可以增长你的见识，深化你的思想。

后五项是你提高学识、变得有真知灼见的最基本的学习方法，只要坚持不懈，就会有效果。

无论是在社交，还是在其他场合，你都可以随时随意地播撒自己的智慧。那样，你就会成为人见人爱的人气王，到那个时候，你的人脉网络也就自然而然地形成了。

蓝颜知己是你一生的财富

契诃夫曾说过："不和男人交际的女人会渐渐变得憔悴，不和女人交际的男人也会渐渐变得迟钝。"所以，女孩，要想使自己不憔悴，就尽量多交些男友（老公）之外的男性朋友吧。

现代女孩，生命中应该有三个知己，有了这三个知己，就会觉得人生无比惬意。这三个知己分别是：一个爱自己的男友（老公），一个了解自己的知心女友，最后一个是懂你的蓝颜知己。

那么，何谓"蓝颜知已"呢？顾名思义，"蓝颜知已"与男性的"红粉知己"相对，是女性的死党朋友，是那种比朋友多一点、比情人少一点的关系。在女性眼中，蓝颜知己是一位非常知心的好朋友，彼此了解，相互信赖。

每个人都不仅要有同性的朋友，也要有异性的朋友，异性朋友会给你带来意想不到的收获。作为你的闺蜜，同样身为女性，她们的观点往往并不能全面解决女性的问题；而有时男人的视角和思维却会让我们茅塞顿开。男友（老公）在一定程度上只能给予自己情感上的安慰，再说，也并不是什么都能向男友（老公）倾诉的。随着女性慢慢登上社会的舞台，在社会上扮演越来越多的角色，女性的压力与日俱增，在精神上很需要一些强有力的支持。这时，一个无话不谈的、懂你的蓝颜知已就显得非常重要。

小梦在大学时就有一个网友，他们不在同一所学校，也不在同一个城市，但是他们频繁地在网上联系。他们发过彼此的照片，双方也各有自己的男女朋友。他们有高兴的事就相互通气，有不开心的事就相互打气。一晃大学四年过去了，他们的话题从彼此的学业、男女朋友转到了寻找工作的艰辛上，然后就是职场上的人际关系。

进入职场的小梦还像在大学时那样天真、幼稚、粗线条，她的这个蓝颜知己经常帮她分析职场上种种的利害和利益关系，这些让单纯的小梦茅塞顿开。他告诉小梦，在职场中，只凭着娴熟的做事能力是远远不够的，还要学会做人，学会处理周遭的人际关系，在与男上司相处中也需要技巧。这样，每当她在职场中遇到解不开的难题时，她就会向这位素未谋面的蓝颜知己请教。她从这位网友那儿讨教来的“计策”或“对策”，应用到实践中，果真达到了不错的效果。

有一段时间，小梦男友的初恋女友经常与他联系，这让小梦很不爽，因为男友根本无法拒绝，甚至还隐瞒了小梦。小梦想放弃男友，但又觉得自己深爱男友，离不开他，就打电话告诉了她的蓝颜知己。蓝颜知己此时正巧到小梦工作的那座城市出差，两人就约在一家咖啡厅见面。见面后，两人并没有感到多唐突，而是像很熟悉的朋友似的开始侃侃而谈。他们聊了一下午，网友帮小梦分析问题的症结所在。分析完之后，就像往常那样帮小梦出谋划策，小梦也依计行事，最后果真收到了自己想要的效果。

小梦与男友结婚了，但是她依然与蓝颜知己联系着。小梦说：“工作上的一些烦心事，我不喜欢和老公说，只有和你说，我才感到放松。”网络那头的蓝颜知己笑了，因为小梦也帮他走出过情感的泥沼、事业上的低谷。

他们两人相互鼓励着，在人生路上从容前行。他们说好要做一辈子的好朋友，用他们的实际行动打破异性之间没有纯粹友谊的结论。

女孩，在你的人生中，一定要尽量多交些异性朋友，尤其是要交到一两个蓝颜知已。契诃夫曾说过：“不和男人交际的女人会渐渐变得憔悴，不和女人交际的男人也会渐渐变得迟钝。”所以，女孩，要想使自己不憔悴，就尽量多交些男友（老公）之外的男性朋友吧。当你的人生起风时，蓝颜知已会站出来以男人的坚强鼓励你，让感到前路茫茫的你信心百倍地继续前行。

有蓝颜知已的女孩无疑是幸福的，也是女性中的智者。女孩的蓝颜知已也必是男人中的精品，是女孩一辈子的财富。但是女孩，交友要慎重，交异性朋友尤其要慎重。女孩要谨记，最佳的蓝颜知已是那些才智过人、健康快乐、与你志趣相投、直言不讳、心地宽厚细腻且人品过硬的男人。

想扩大自己的交际圈，就别把自己“圈”起来

圈子是一个大舞台，在这里你不仅可以多交朋友，结识各行各业的人，还可以有的放矢地提高自己的工作能力。它大大地扩展了你的交际范围，使你的业余生活变得丰富多彩起来，还会悄无声息地改变你陈腐的观念。

林徽音家里那个著名的“太太客厅”，当时云集了徐志摩、凌淑华等很多文化名流。他们浅斟低唱、吟诗断句、评品时事，代表了北平当时颇为前卫的人文思潮，“新月派”就此应运而生。后来成为著名翻译家的萧乾先生，也是这个太太客厅的常客，他也经常得到林徽音的指点。

这里，我们说的林徽因的太太客厅，其实就是当时文人的一个小圈子。而现代社会，随着互联网的普及，随着人们生活圈子的缩小，人们的交友活动或者社交活动更多地集中在了网络上。人们都加入自己喜欢的各种“圈子”来丰富自己的生活，这个圈子就如同林徽因的太太客厅，它们都把有相同爱好、兴趣或者为了某个特定目的而走到一起的人联系在了一起。圈子是通过人们之间的社会行为自然形成的，也就是平常我们所说的

“物以类聚，人以群分”。比如，汽车发烧友可以加入“汽车圈子”，数码产品发烧友可以加入“数码圈子”，喜欢旅游的可以加入“驴友圈”，喜欢文学的可以加入“文学圈子”，对音乐感兴趣的可以加入“音乐圈子”，想交友结婚的可以加入“单身圈”，甚至喜欢喝酒的人都可以加入“品酒圈”等。

每个人的圈子就像一张网，个人的行为过程犹如织网，有着共同爱好的人都会聚集到这张网中。因为同一个人有多种爱好和多个活动范围，所以每个人又同时属于几张不同的网，于是一张张网在社会的各个角落无形地铺张、蔓延开来。由于人“身处数网”，理所当然地会形成网的交集。

这是个圈子流行的时代，世界很小，圈子很大，每个人都在努力地挤入不同的圈子。有人说，要想在社会上“混”下去，吃得开，不加入几个固定的圈子是万万不行的。对于社会新人来说，加入不同的圈子，积累自己的人脉，就成为必须且很必要的事情。圈子是一个大舞台，在这里你不仅可以多交朋友，结识各行各业的人，还可以有的放矢地提高自己的工作能力。它大大地扩展了你的交际范围，使你的业余生活变得丰富多彩起来，还会悄无声息地改变你陈腐的观念。善用圈子，会有意想不到的收获。

在这方面，胡润先生就做得非常好。他弄了一个富豪榜，这样就把富豪们变成了一个圈子。因为有很多公司希望和他合作，希望能用上他的高端圈子效应，这样他就可以在富豪圈子效应下组织活动，发起更多的商业活动。

作为普通人的我们，可能刚刚毕业，远离父母和同学，感情上会寂寞，工作上也可能发生波折。这时如果我们加入了一个圈子，我们就会参加圈子里组织的社交活动，这样就可以多认识人，扩大我们的交际圈。工作上有不明白的事情，也可以加入与工作相关的圈子，假如你是位编辑，你想知道其他公司编辑的工作状态、其他单位的情况，你就可以加入不同的编辑圈子、编辑群。在五花八门的编辑圈子里，你会认识很多出版社、图书公司，甚至设计公司、印刷公司的朋友，会有很多招聘信息、征稿信息、投稿信息，还有各种宣传新书的信息向你席卷而来。还会有一些作者圈子和写手圈子，这些都是与你的出版行业、编辑职位密切相关的圈子群。想在本职工作上有一番作为的女孩就要积极开拓各种圈子，为自己创造各种机遇，让自己尽快成长、成熟起来，这样你就会离成功越来越近。

同理，对于一个未毕业的学生而言，加入这种圈子，无疑好处会更多。可以提前了解这个行业的情况，比如行业整体愿景、每个环节、工资情况、工作流程、所需的各方面能力等，还可以借此认识这个行业的资深人士，与他建立起关系，自己进入这个行业就容易多了。在这个圈子的耳濡目染下，自己也会慢慢积累起虚拟的工作经验，为以后进军这个行业做好充足的准备。

圈子是人脉拓展的平台，也是一种价值连城的社会资源，它已经覆盖我们生活的每一个角落，成为现代人排解孤独、提高专业能力的最好出口。

定期清理和优化你的人脉圈

人生也是如此，朋友的数量重要，但是质量更重要。因此不要滥交朋友，这样你会节省很多时间、精力和交际成本。

人脉即命脉、财脉，人脉的最高境界是“互利”，相信初入社会的女孩都会认同这样的思想。女孩，在积累自己实力、增加自己可利用的价值时，也要学会有选择地交朋友。因为人脉的意义并不是认识的人越多越好，关键是要有能帮助自己、让自己能提高一个层次的朋友。做好定期的人脉清理工作，无疑是很有帮助的。毕竟人的时间和精力有限，漫无目的地结交朋友无疑是不明智的。

马云曾公开说过创立阿里论坛的主旨，他说，阿里论坛是商人论坛，任何像其他社区那样谈政治或粗俗言论的请离开。商人就要在商言商，这样才能引起商人共鸣，让商人留下来，因为阿里的目标人群就是商人。如果泛泛地接受各种思想的导引，相信引入的人脉还抵不过离开的人脉。

人生也是如此，朋友的数量重要，但是质量更重要。因此不要滥交朋友，这样你会节省很多时间、精力和交际成本。如果不分青红皂白地滥交朋友，那么这种人脉很可能就会变成你的负资产，最后你将会是个失败者!

女孩，你可以将朋友划分为几个等级，然后区别地加以对待。比如，将最要好的朋友划分为一等资源，时常保持联系，以增进彼此的感情；将生意场上的朋友划分为二等资源，进行有目的的追踪联络；其他以此类推。

一般情况下，我们的人脉网中都少不了如下几种人，有了他们，我们的生活和工作就会变得轻松愉快。

1. 能够提供紧俏门票的人

这样我们就有机会参加各种商务俱乐部或者酒会，让我们见识大场面，结交更多朋友。

2. 各种订票人员

与我们利益最紧密相关的，莫过于火车票、飞机票、发票人员。

3. 职业介绍人

他们起到了猎头的作用，会让我们找起工作来顺风顺水。

4. 银行员工

现在是理财、投资的时代，有了这些专业朋友的帮助，我们的投资会顺利许多。

5. 本地公务员

在“官本位”的社会，我们很多事都需要“官员”的保驾护航。

6. 各类名人

这个对我们的工作和生活都有很大的帮助，最典型的例子莫过于利用名人效应达到商业利益。

7. 保险专家

同银行朋友一样，保险是一辈子的事，有了保险专家的帮忙，我们就省去了很多后顾之忧。

8. 律师

现在是法制社会，如果我们不懂法，就不知道怎么为自己维权，这不是很可悲的事吗？有这样的朋友，我们才不至于做法盲。

9. 维修人员

生活琐事虽然是小事，但是却影响我们的心情和生活质量。

10. 媒体联络人

同名人朋友一样，他们对我们的工作有着不可估量的推动力。

优化我们的人脉圈，这些人就是不可失去的朋友。我们要懂得维护，时不时地帮帮这些人的忙，等自己以后有麻烦时，他们也会帮助我们。

优化我们的人脉还包括让人脉生人脉。当我们建立了有效的人脉关系后，就不要“雪藏”他们，要懂得隔着人脉获取人缘。比如，你千辛万苦终于有了一个客户，他也成了你的好朋友，成了你的人脉之一，这时你不妨让他为你介绍客户。每个人背后都有其人脉资源，要借助人脉的强大力量互帮互助，这才是成功的关键。比如，你们公司有新产品推广发布会和非常重要的晚宴，要通知你的新老客户和朋友参加，你不妨让他们带上他们所在行业的朋友一起来参加，这样你就会结交他们的朋友了。

Cafe

Part5 幸福生活

幸福篇

女人的幸福与自己有关

幸福，几乎是每个人都在追寻的，也是每个人亘古不变追求的目标。那么，女孩，你知道你的幸福正栖息在哪里吗？无论你是正在享受幸福的甜蜜，还是正在迷茫地追寻幸福之中，你都要明白一个道理，那就是：你的幸福与自己有关。要知道，尽管你不可以把握世间百态，但你却可以为自己的幸福做主；尽管你不能拥有全世界，但你却可以选择拥有快乐的心灵。你的幸福你完全可以做主，趁着年轻，做自己想做的，尽享现在拥有的，岂不乐哉？

有爱情最好，没有也能活

如果暂时还没有遇到，也请不要叹息。你只是还在等他来的路上，你的他一定会到来，要对自己有信心，要满怀期望地等待。不要自卑，要相信自己。在他来之前，学会让自己很美丽。

女人天生就是爱情的俘虏，为了爱情可以不顾一切，随自己所爱的人浪迹天涯，不问世事。但这只是武侠小说中的结局，当爱情的梦醒了，我们的生活还是要继续的。

司马相如是西汉时期很重要的一位作家，他和卓文君的爱情故事，至今还为人们所津津乐道。

司马相如以一首《凤求凰》打开了佳人卓文君的心扉，两人更是一见倾心。当夜，为爱情怦然心动的卓文君就收拾细软与当时还是穷书生的司马相如私奔，从而开始了两人生命中惊天动地的爱情。

卓文君跟司马相如回成都老家之后，面对家徒四壁，作为千金小姐的她大大方方地回临邛老家开酒肆，自己当垆卖酒，终于使得要面子的父亲承认了他们的爱情。

后来，汉武帝即位，司马相如得到皇帝赏识，加官晋爵，可谓春风得意。司马相如与卓文君一别就是五年，在这五年中，司马相如功成名就，飞黄腾达，迷上了某位才女，又觉得自己如今身份不凡，就渐忘了发妻，萌生了休妻另娶的念头。

有一天，他派人送给发妻一封信。卓文君日盼夜盼，没料到丈夫的家书只写着十三个数字："一、二、三、四、五、六、七、八、九、十、百、千、万。"聪慧的卓文君一看便明白了丈夫的意思：数字中缺"亿"，表示丈夫对她已无情"意"。

但卓文君毕竟不是一般女子，她虽然痛恨丈夫薄情寡义，但却并不甘于自己成为下堂之妻。她回了一封信给司马相如：

"一别之后，两地相思，说的是三四月，却谁知是五六年。七弦琴无心弹，八行书无可传，九连环从中折断。十里长亭望眼欲穿。百般怨，千般念，万般无奈把郎怨。万语千言道不尽，百无聊赖十凭栏。重九登高看孤雁，八月中秋月圆人不圆。七月半烧香秉烛问苍天，六月伏天人人摇扇我心寒，五月榴花如火偏遇阵阵冷雨浇花端，四月枇杷黄，我欲对镜心意乱，三月桃花随流水，二月风筝线儿断。噫！郎呀郎，巴不得下一世你为女来我为男。"

司马相如看后，忆起往日夫妻患难真情，觉得愧对妻子，于是回心转意，成就一代佳话。

卓文君是聪明的，她用自己的智慧挽回了丈夫，她用心经营着自己的爱情和婚姻，终于苦尽甘来。他们最终没有背弃最初的爱恋，坚守了这份爱情。卓文君又是幸运的，她碰上的是感念旧情、有责任心的司马相如，如果她碰到的是欲杀妻灭子的陈世美，那么纵然她才华横溢，有思想、有勇气，那也是对牛弹琴，空留余恨在人间。

女孩，一世的情缘是可遇不可求的。也许你如卓文君般美丽聪明，精诗文，善弹琴，也许能留住将要逝去的爱情。能留住、能拥有最好，如果不幸，没有留住美好的爱情，也要坚强地活下来，并且要比以前更精彩地生活，不要为了变心的男人死去活来，这样的男人根本不值得你这样做。

男人是女人最剧烈的毒。女人都视爱情如氧气，一旦爱上一个男人，就会把真心和一切都交出去。这时候，男人就算赐予女人一杯毒酒，女人也会心甘情愿以一种最美的姿势一饮而尽！

现在剩女很多，她们在初中、高中时，是老师眼中的乖孩子，视早恋如毒瘤。那时她们还在知识的海洋里遨游，别人就已经在为自己的终身大事开始张罗了；上大学了，本应该谈场轰轰烈烈的恋爱，但是却怕“毕业后，我们一起失恋”之类的谶语，于是对爱情敬而远之。等毕业后才发现，大学恋情的成功率并没有像传说中的那样极低，于是她们就只好先干一番事业了。

刚走入社会和职场的女孩，一切以工作为第一，对其他一律熟视无睹。结果可想而知，因为工作繁忙，圈子狭小，自身没有恋爱经验或自身不是很成熟，错过了很多机会，其中不乏可以胜任老公一职的人选。最后，三四年下来，在她们还没有转过神来时，自己已然成了尴尬的大龄女，只能靠“相亲”这一传统方式来摆脱单身了。传统的相亲，去各种变相的相亲俱乐部，就成了恨嫁女生的无奈之举，但是这种方法收效也甚微。女孩只能无奈地坚守着自己的标准，但是看着随处可见的亲密情侣，又随时会刺伤自己敏感的神经。

其实，女孩，不要着急，在这个世界上，总有一个人是等着你的。不管什么时候，在什么地方，你要坚信，总有这么一个人，他能不计回报地给予你爱情，这本身就是一种缘分。如果你遇到的话，请选择珍惜。

如果暂时还没有遇到，也请不要叹息。你只是还在等他来的路上，你的他一定会到来，要对自己有信心，要满怀期望地等待。不要自卑，要相信自己。在他来之前，学会让自己很美丽。千万不要觉得身边的人都结婚了，自己随便找一个人算了，那才真的是对自己不负责任的想法。要独自也能活，因为爱情对人生来说虽然不可或缺，但并不是人生的全部。整天沉迷于爱情、执著于没有爱情的忧伤中，只会令你的世界越来越虚妄。与其哀怨、顾影自怜，还不如享受人生，体会生活的美好。

女孩，请记住：人不能只为了爱而活，没有爱，人生照样可以丰富多彩。

“现在”是最好的礼物

佛陀说：“生命在呼吸间。”既然生命如此来去无常，未来的是妄想，过去的是杂念，那么“现在”无疑才是最好的时机。

《功夫熊猫》里，乌龟大师有一句充满智慧的话：“Yesterday is a history, tomorrow is a mystery, but today is a gift, that is why it is called Present. ”Present在英文里既有“现在”的意思，也有“礼物”的意思。所以，它的隐含意就是——“现在”是大自然赐予我们的“礼物”，所以“现在”比“礼物”更珍贵。

过去的一切都已成为历史，所以，尽管你曾经犯过错误，也不要沉湎于其中。人非圣贤、孰能无错，“过去”已经发生了，再后悔也无济于事了，不是吗?

孟敏是东汉有名的大臣，传说他年轻的时候曾经以卖甑（如同现代的蒸锅）为生。一次他在大街上叫卖，忽然他的担子滑落肩膀，掉在地上，把甑摔碎了，他竟然头也不回地径直走开了。街上行人很奇怪他的反应，就拦住他追问原因。孟敏十分坦然地回答：“甑已破矣，顾之何益？”

是的，甑虽然很珍贵，也与自己的生计息息相关，可是它已经被摔破，已经是无法改变、无法挽回的事实了，再心疼又有什么用呢？所谓“覆水难收”，既成的事实就像泼出去的水已经被泼在地上了，无法将覆水一点一滴地再回到盆里去。

不要总是沉溺于过去沉重或美好的回忆中，人始终要往前看。伤心也罢，开心也罢，难忘怀也罢，都只能增添你对未来的无奈，浪费宝贵的“现在”。只有活在当下，把握现在，才是你最现实的选择。在每一段Present（现在）连接过程中的那些感受，才是我们唯一拥有的真实。

许三多可谓是“活在当下”这句真理付诸实践的典范。在没人管的五班，他靠一个人的力量修了一条路；在没有人监督的五班，他坚持出操、训练；在懒散的五班，他可以做到部队的内务标准；在人才济济的钢七连，他从一个晕车的坦克兵最终成了全连的标兵；在A大队，他与全才的袁朗、双学士的吴哲、出众的齐桓的四人组合被袁朗称为“最完美的组合”……这个从小怯懦、被父亲叫作“龟儿子”的许三多，从来都没想过能成为这样成功的人，他只知道做有意义的事，他只知道好好活。于是，他精彩地活在当下，而就在他脚踏实地地活在当下时，不经意间他得到了别人一直都在追求的东西。

女孩，用许三多“有意义的事就是好好活，好好活就是做有意义的事，做很多很多有意义的事。”这句话来勉励自己吧。在每一个早上醒来的瞬间，都要倒空昨天的自己，忘记昨天发生的事，这样新的一天就真的是崭新的一天了。比如，昨天你与人吵架了，今天你们没有忘记昨天发生的事情，仍然怒气相对，那么与其说你们小心眼，倒不如说你们都还活在昨天。

逛街时，女孩心事重重地走在街上。坐在车里时，表情凝重，甚至皱着眉头。你在担心什么？或者，你的思绪飘荡到哪里去了？为什么不好好享受眼前的景致呢？

你把自己锁在有重重防卫墙的、理想的内心世界里了吗？你不愿生活在真实的世界里吗？有点儿闲暇，就给朋友打电话，看电视、看电影、上网，唯恐自己无聊，你在逃避什么？你怕面对自我吗？女孩，你要活在当下，去深省自己的行为及身心，从自己的内心世界中走出来，这样才能真正获得快乐。

哲学家说，活在每一个过程中，是真正的解脱，也是真正的自在。如果我们真正活在当下，就能拒绝这些“曾经”和“将来”所带来的无谓干扰，清清楚楚地知道自己到底有什么、想什么、要什么。

佛陀说：“生命在呼吸间。”既然生命如此来去无常，未来的是妄想，过去的是杂念，那么“现在”无疑才是最好的时机。过去的事已经发生，不管是好还是坏，它既不能再伤害你，也不能再影响你（除非你自己不能忘却，甘愿被往事缠身）；而对于未来还没有发生的事，生命无常，我们既无从把握，便无须担忧，只要活在当下，珍惜每一个瞬间，日子就会甘美无比。

在音乐中呼吸

歌手干净的声音，加上清新的配乐，闭着眼聆听，音乐就会给你营造很多优美的画面。这时听者得到的不仅是听觉的享受，更有视觉的延伸和感情的共鸣。

简单的、或深或浅的呼吸能有意识地把注意力集中在某一点上，在长时间反复练习下，能使大脑进入更高的意识（类似禅的“入定”），最终达到天人合一的境界。

呼吸可以充满想念，可以充满痛苦，还可以充满喜悦，然而音乐也可以通过呼吸来传达，这样你就可以通过呼吸来感受音乐，来感受爱意和生命的美好了。

歌手干净的声音，加上清新的配乐，闭着眼聆听，音乐就会给你营造很多优美的画面。这时听者得到的不仅是听觉的享受，更有视觉的延伸和感情的共鸣。音乐中不仅优美的旋律，更有爱。现在，让我们抛开所有的世俗杂念，让眼睛、耳朵放个假，让呼吸来品尝、过滤音乐，让心灵来容纳爱。

下面推荐一些减压乐曲，供女孩在浮躁、寂寞之际细细品味。

1. 可以联想到草地的音乐

贝多芬：《第六交响乐》第二乐章

戴留斯：《杜鹃之歌》

拉威尔：《达夫尼斯与克罗尔》第二乐章

鲍罗廷：《在中亚西亚草原上》

2. 可以联想到高山的音乐

布拉姆斯：《第二交响乐》第二乐章

德彪西：《夜曲》

格罗夫：《大峡谷》组曲中的《日出》

马勒：《第四交响乐》

3. 可以联想到溪水的音乐

贝多芬：《第九交响乐》第三乐章

雷斯皮基：《罗马的松树》第二乐章

斯美塔那：《伏尔塔瓦河》

4. 可以联想到大海的音乐

德彪西：《大海》第一部分

艾尔加：《谜语变奏曲》第八段、第九段

5. 让自己拥有安全感的音乐

肖斯塔科维奇：《第二钢琴协奏曲》小行板

卡林尼科夫：《第二交响乐》行板

拉赫马尼诺夫：《第二交响乐》柔板

贝多芬：《第五钢琴协奏曲》第二乐章

6. 其他音乐

贝多芬：《小提琴协奏曲》小广板

贝多芬：《第九交响曲》极慢板

布拉姆斯：《小提琴协奏曲》柔板

巴赫：《两只小提琴的协奏曲》广板

丹第：《法国山歌交响曲》第一乐章

雷斯皮基：《罗马的松树》乔尼科罗之松

马斯奈：《第七管弦乐组曲》

肖邦：《第一钢琴协奏曲》浪漫曲

瓦格纳：《罗恩格林》第一幕序曲

鲍罗廷：《第一交响乐》行板

布拉姆斯：《第三交响乐》稍微的小快板

布拉姆斯：《第二钢琴协奏曲》行板

拉赫马尼诺夫：《第二钢琴协奏曲》第二乐章

7. 新世纪音乐

它是一种在20世纪70年代后期出现的音乐形式，旨在利用音乐净化人的心灵。它介于古典乐和轻音乐之间，但更富于变幻、更丰富。一切自然界的声音都可能出现在这种音乐中，所有种类的乐器在此一视同仁，其中的人声更是丰富，从歌唱家到土著乐手，一切都是那么自然。它的主要代表歌手有西方的新世纪音乐女王、天籁美声代言人恩雅（Enya），被称为新世纪音乐月亮女神的莎拉·布莱曼（SarahBrightman），新世纪音乐作曲家的杰出代表雅尼（Yanni），中国的萨顶顶、朱哲琴，中国台湾的杨锦聪、何真真，日本的加贺谷玲、喜多郎（Kitaro）、姬神，韩国的李闰珉（YIRUMA），印度的Karsh Kale、Namaste Flowering等。

现在，女孩，请屏住呼吸，用心来听音乐，在音乐中呼吸。

自己来宠爱自己

女孩们在忙碌一天，或者忙碌一周后，也该放松一下，给自己的身体敷个大大的面膜，寻找到自己内心深层的美丽。

女孩在外面忙碌一天，回到家就该好好放松自己了。做面膜就是宠爱自己最好、最实惠的方法，既美容护肤，身心也能得到放松——因此，做面膜愈来愈受到女性乃至男性的青睐。有一定经济条件的女孩可以去美容院做美容，暂时没有条件去美容院的女孩可以买现成的面膜，也可以DIY自制面膜，既实惠又方便。

下面介绍几种DIY的自制面膜，大家来学习一下，就可以在家里臭美了！

1. DIY面膜

（1）黄瓜美白去皱面膜

黄瓜素有“厨房里的美容剂”的美称。黄瓜汁有洁肤作用，可以防止皮肤老化；黄瓜捣碎敷脸可以舒展皱纹，治疗皮肤晒伤和炎症；用新黄瓜做面膜还对皮肤有美白作用，使皮肤变得有弹性。

制作方法：把新鲜的黄瓜切成薄片，一片一片地贴在脸上即可。这是最简单的自制面膜，谁都能学会！

（2）西瓜补水去痘面膜

西瓜皮面膜制作方法：吃完的西瓜皮，用刀将上面残留的红色果肉全部刮掉——注意要全部刮干净，因为红色果肉部分含有糖分，与皮肤亲密接触久了，有些皮肤会痒痒的，然后把西瓜皮切成很薄很薄的薄片（1毫米左右为佳）。我们洗完脸以后，将切好的西瓜皮片均匀地贴在脸上，尤其是有痘痘和痘痕的地方，停留在面部10分钟后轻轻拿掉，然后用清水洗一下即可。西瓜皮面膜贴完以后，我们有时会有紧绷感，建议擦一些不含酒精的爽肤水。第二天，就可以看到大痘痘明显变小，小痘痘明显平了，痘痕也淡下去很多。

西瓜果肉面膜制作方法：将西瓜1/4的果肉压成泥状敷在脸上，最好盖上面膜纸；10～15分钟后，用冷水冲洗干净即可。此方法可以修复晒后受过损伤及过敏的肌肤。

（3）西瓜牛奶美白面膜

制作方法：将西瓜榨成汁，或者加入牛奶和面粉，涂匀整个面部，20分钟后洗净，每周1～2次。这种面膜可使较黑的皮肤变白，对日光晒黑的皮肤效果更佳，还能收缩粗大的毛孔。

（4）西瓜蜂蜜补水面膜

制作方法：用西瓜皮汁混合蜂蜜做成面膜，直接敷面约25分钟后清洗掉即可。

西瓜皮面膜有补水降温、镇定肌肤的作用。

（5）西瓜蛋黄保湿面膜

制作方法：将西瓜肉捣碎，加入半个蛋黄拌匀，慢慢加入少许面粉，使其成膏状，敷于脸上10分钟后洗净。每周做2～3次，可以收到很好的效果。西瓜清凉，蛋黄滋润效果佳，两者配合制成补水面膜，保湿效果极佳。

（6）红茶红糖补水面膜

制作方法：取两汤匙红茶、红糖和一定量的面粉，加水煲煎，调匀后即可敷面，15分钟以后用湿毛巾擦净脸部。每月涂敷一次，即可达到美白、保湿、补水的功效。

（7）豆腐蜂蜜补水面膜

制作方法：取两大勺豆腐，加入适量蜂蜜，搅拌均匀，豆腐越碎越好。再放入一些面粉，注意不要太多。然后加适量的纯净水，搅拌均匀，不要太稀。均匀涂沫到脸上，敷约15分钟，即可达到补水、保湿的功效。

（8）牛奶珍珠粉美白面膜

制作方法：将牛奶和珍珠粉混合后，泡入纸膜，敷在脸上即可。如果敷的过程中干了，可以再敷一下。15分钟后拿掉，你会发现你的脸已经变得如牛奶般白嫩了！

（9）鸡蛋柠檬面膜

制作方法：将鸡蛋打散，加入半个柠檬的汁液，和粗盐、橄榄油一同拌匀，涂于脸上即可。一周敷1～2次，只要坚持不懈，不仅可以美白，还可以促进皮肤的光滑、细致，亦可防皱！

（10）番茄蜂蜜美白面膜

制作方法：先压榨番茄取汁，加入适量蜂蜜和少许面粉调成膏状，涂于面部保持20～30分钟即可。此面膜具有滋润、白嫩皮肤的作用，长期使用还可以去斑、除皱和治疗皮肤痤疮。

女孩皮肤最大的问题就是干燥，不管你的目的是美白、去痘，还是控油，首先要做的就是补水。要不分季节地补水，不管你在南方，还是在北方。我们现在的工作几乎都离不开电脑和紫外线的辐射，女孩，把补水工作进行到底，然后才是美白、去痘等。否则，皮肤底子打不好，再怎么美白，再怎么去痘，都是不起作用的。

市面上有多款不同功能的面膜，虽然某些品牌的面膜效果不错，但是小小一片就要几十甚至几百元，我们普通工薪阶层还是消费不起的。想不花大钱又让肌肤达到美容院的保湿效果，还是DIY面膜吧，纯天然、无污染、最保养！既便宜又见效，而且天然健康，无任何添加剂。闲暇时间里，自在地DIY一款面膜，既营养了肌肤，又滋养了心情！

2. Home SPA

女孩，敷完面膜，不要忘了宠爱自己疲惫的身体。我们的身体也需要滋养，Home SPA相当于对我们的身体做的巨大面膜。

SPA一词源于拉丁文“Solus Por Aqua”（Health by water）的字首，Solus＝健康，Por＝精油，Aqua＝水，意指用水来达到健康。方法是充分运用水的物理特性、温度及冲击，来达到保养、健身的效果，故SPA意为“健康之水”。SPA的曼妙气息蔓延了几百年，现在的SPA包括人们熟知的水疗、芳香按摩、沐浴、去死角等。现代SPA主要通过人体的五大感官功能，即听觉（疗效音乐）、味觉（花草茶、健康饮食）、触觉（按摩、接触）、嗅觉（天然芳香精油）、视觉（自然或仿自然景观、人文环境）等达到全方位的放松，将精、气、神三者合一，实现身、心、灵的放松，如今SPA已演变成现代美丽补给的代名词。Home SPA是SPA的一种新类型，是在家里就可以完成的美丽补给，其中心思想是呈现自己内心深层的美丽。

女孩们在忙碌一天，或者忙碌一周后，也该放松一下，给自己的身体敷个大大的面膜，寻找到自己内心深层的美丽。

做HOME SPA的七个步骤如下：

Step1：回到家，放下所有的杂活儿，让自己有充裕的时间，彻底放松自己。

Step2：温水洗澡、洗发。可以事先把浴室装扮一下，有意营造一种温馨、浪漫、放松的洗澡环境。可以放一盆鲜花或者插几枝鲜花，点起香薰，放点轻柔的音乐，然后就是洗澡用品。准备到位后，就可以好好享受有情调的SPA了。

Step3：用身体专用磨砂膏除去皮肤上积聚的角质层，使用时可在身体上打圈、压摩，帮助血液循环。

Step4：最好用浴缸。这样可以在浴缸里撒上浴盐、香薰油或者花瓣，水温调至自己喜欢的温度。整个人躺进浴缸内，放松全身，泡10～15分钟即可，太久会使皮肤皱起。

Step5：做手部和脚部的护理。用小刷子磨去脚上的死皮，此时水已经浸软皮肤，是去死皮的最佳时机。

Step6：洗完后，可用大毛巾抹干身体，在身体涂上按摩油按摩，或者直接把润肤液抹匀全身。

Step7：最后，喷上自己喜爱的香氛喷雾。如果马上要入睡了，可以喷上有助睡眠的薰衣草味香氛；如果马上要逛街了，可以喷上有醒神作用的柠檬味香氛。

学一种乐器，给你的人生增添无穷乐趣

科学家发现，只要学习一门乐器超过3年，就能在听觉辨别、手指灵巧方面、词汇和非语言推理能力、认知能力方面，优于那些没有接受过乐器训练的人。所以，学习一门乐器好处多多！

近年来，随着女性受教育程度越来越高，职业女性越来越多，女性的经济水平普遍比以前提高了，各种才艺大比拼、才艺表演大舞台之类的节目也在一波接一波地冲击着人们的眼球。在忙碌的工作之余，女性选择学习自己喜欢的或者自己有一定潜在天赋的才艺来丰富业余生活，可以给人生增添无穷乐趣。无论是在节目中还是在现实生活中，那些会弹奏钢琴、古筝，抑或弹吉他的女孩，总是让人很羡慕，更易受到人们的嘉奖。

对女孩而言，再也没有比学一种乐器更能陶冶情操、培养气质、增添个人魅力的方法了。科学家发现，只要学习一门乐器超过3年，就能在听觉辨别、手指灵巧方面、词汇和非语言推理能力、认知能力方面，优于那些没有接受过乐器训练的人。所以，学习一门乐器好处多多！有些女孩可能会说自己没有天赋，其实再好的天赋也离不开后天的勤学苦练。要根据

自己的兴趣选一种自己喜欢的乐器，多学习一些乐理知识，比如学习五线谱，这是学好一门乐器的基本功。

下面我们为大家介绍几种乐器，女孩可以根据自己的实际情况进行选择。

1. 钢琴

钢琴属于泊来物，因为它体积大、内部结构复杂、性能优良全面和用途广泛，被誉为“乐器之王”。完美的音效、精彩的演奏，都能给你带来超值的音乐享受。聆听钢琴曲、弹奏钢琴曲，都可以让我们忘却不快，平静我们浮躁的情绪，让我们寻求内心最深处的需求，从而建立更高的自我价值。但是钢琴投资大，女孩们要根据家庭条件而定。

2. 古筝

古筝是一种古老的民族乐器，声音清脆，犹如高山流水一般，而且很有韵味，很适合女孩弹，会给人一种很柔美的感觉。用简谱，易上手，投入相对不高，初学时买个1000多元的就可以了，而且不太会弹的时候也不至于像其他乐器一样发出刺耳的声音。

3. 小提琴

小提琴广泛流传于世界各国，是现代管弦乐队弦乐组中最主要的乐器。它音色优美，接近人声，音域宽广，表现力强。从它诞生那天起，就一直在乐器中占有显著的地位，为人们所喜爱。如果说钢琴是“乐器之王”，那么小提琴就是乐器中的“王后”了。

4. 吉他

吉他，又名六弦琴，是一种弹拨乐器，形状与提琴相似，通常有六根弦。它在流行音乐、摇滚音乐、蓝调、民歌、弗拉明戈中常被视为主要乐器。吉他还被用于古典音乐、室内乐和管弦乐中，被称为“乐器王子”。

5. 架子鼓（爵士鼓）

架子鼓是一种打击乐器，英文称作Drumkit或Drumset，集合许多打击乐器为一体，基本的组合包括了大鼓、军鼓、两个中鼓、一个落地鼓、脚踏钹和两片铜钹。雏形起源于中国，是爵士乐队中十分重要的一种无音高打击乐器，这种乐器适合个性酷酷的、像男孩子般的女孩学习。

女孩们可以根据自身情况来决定学什么，总之，学点才艺会使我们单调的生活变得丰富多彩起来，学到一定程度，说不定你苍白的人生也会改变呢！

学一种适合自己的舞蹈

舞蹈不仅可以使我们身体健康，身材曼妙，还可提升我们高雅不俗的气质，还可以“长”高（学舞蹈的人会给人感觉其比实际身高最少高两三厘米）。

由周星驰监制、冯德伦执导、张雨绮、立威廉主演的青春励志喜剧电影《跳出去》，讲述了一个朴实的农村少女彩凤（张雨绮饰）离开农村来到充满憧憬的大都会学街舞的故事。彩凤曾是乡舞蹈队的一员，她从小就有学跳舞的梦想。她到上海后被大屏幕里的街舞所吸引，于是学跳舞的梦想就在她心里愈加强烈。白天，她在工厂内打工，夜间，她就在舞蹈学校找了一份清洁工作，这样她就有机会接触到自己喜欢的街舞。她时常偷偷学艺，默默练习，坚持追逐跳出自我的理想。最终通过勤学苦练，为自己赢得了免费学习街舞的机会，同时也为她带来了翻天覆地、全然不同的人生际遇。

在《跳出去》这部电影中，彩凤对街舞的狂热梦想和强烈兴趣，让我们被她坚持梦想的精神所感染、所折服。整个影片所散发的对舞蹈的激情以及青春的气息，也让我们被其深深感染。

看了这部具有浓郁星爷味道的电影，相信女孩们也都欲罢不能，有想学习舞蹈的冲动吧！只要是年轻女孩，我们都强烈建议你学习一种舞蹈。因为舞蹈不仅可以使我们身体健康，身材曼妙，还可提升我们高雅不俗的气质，还可以“长”高（学舞蹈的人会给人感觉其比实际身高最少高两三厘米）。女孩，还等什么，在跳舞中舞出自己的青春，释放生活和工作的压力吧，你定能感受生活的美好。

下面介绍几种现在比较热门的舞蹈类型，供感兴趣的女孩挑选。

1. 街舞

街舞最早起源于撒哈拉以南的非洲，是美国黑人由一种发泄情绪的运动演绎成的街边文化，特色是爆发力强。在舞动时，肢体所做的动作亦较其他舞蹈夸张。最吸引人之处，是以全身的活力带来热情澎湃的感觉。它的动作是由各种走、跑、跳组合而成，极富变化。通过头、颈、肩、上肢、躯干等关节的屈伸、转动、绕环、摆振、波浪形扭动等连贯动作组合而成，各个动作都有其特定的健身效果。因此街舞不仅具有一般有氧运动改善心肺功能、减少脂肪、增强肌肉弹性、增强韧带柔韧性的功效，还具有协调人体各部位肌肉群、塑造优美体态、提高人体协调能力、陶冶美感的功能。

街舞包括霹雳舞、疯克舞、布加洛舞、机器人舞、波浪舞、动画舞、闪舞、锁舞、机械舞、踏手舞等。

2. 芭蕾

“芭蕾”起源于15世纪充满人文气息的意大利，它是优雅与高贵的象征，成形并兴盛于16至19世纪上半叶的法国，其主要特征是女演员要穿上特制的足尖鞋立起脚尖起舞。

学习芭蕾舞，不但能帮助骨骼成长，提高身体的协调能力、塑造优雅和谐的体型，而且能增强音乐节奏感、训练耐性和意志，另外对自信力的培养也有好处。随着社会的发展，很多人意识到形体美的重要性，成人芭蕾越来越受到青睐。

3. 爵士舞

爵士舞是一种急促而富动感的节奏型舞蹈，是一种外放性的舞蹈，不像古典芭蕾舞或现代舞所表现的那种内敛性的舞蹈。爵士舞主要是动作和旋律方面的表演，主要目的是为了娱乐别人，也娱乐自己，可带给自己与他人一段美好的时光。它的表现一点都不虚饰，舞蹈时所散发出的愉悦的气氛和快乐的精神非常具有感染力。

4. 拉丁舞

拉丁舞是以运动肩部、腹部、腰部、臀部为主的一种舞蹈艺术。一曲拉丁舞，让我们的腹直肌、腹内斜肌、腹外斜肌、竖脊肌、背阔肌等上百块肌肉都加入了运动的行列。科研人员做过研究，平均每跳一曲拉丁舞，要扭转160～180次，女子的最高心率可达197次／分钟，男子的最高心率可达210次／分钟。大约能量代谢为8.5焦以上，相当于运动员完成一个800米的热能消耗量，大于网球和羽毛球的热能消耗，其减脂效果可想而知！

拉丁舞中最具代表的舞蹈是被誉为“拉丁之魂”的伦巴，学习拉丁舞的人，一般会把伦巴作为入门舞蹈来学习。伦巴是表现男女之间爱情故事的舞蹈，它的音乐非常柔美、缠绵，女伴的动作着重展现女性的柔媚和胯部、臀部的曲线美。一曲伦巴，会让我们感受爱情的缠绵，心生美好的情爱之心。

而另一种具有代表性的舞蹈——恰恰则起源于墨西哥，虽与伦巴有很多相通之处，但它俏皮欢快、动作潇洒帅气而又充满活力，所以风格与伦巴迥然不同。

5. 肚皮舞

肚皮舞是一种带有阿拉伯风情的舞蹈形式，其阿拉伯原名为“Raks Sharki”，意指东方之舞，因此又被称为“东方舞蹈”。近一两年，肚皮舞风靡世界，受到广大健身爱好者的青睐。肚皮舞的练习者中，女性占了绝大多数，她们大多都是为了减掉腰腹间的“游泳圈”而学习这种舞蹈。

6. 交谊舞

交谊舞也是起源于西方的一种舞蹈形式，又称社交舞，主要包括华尔兹（慢三步）、维也纳华尔兹（快三步）、布鲁斯（俗称慢四步）、狐步（俗称中四步）、快步（快四步）、探戈、吉特巴等。跳交谊舞是健身的好方式，它融“俏”“跳”“放”“笑”“唠”健身五字诀于一体，是治病康复的良药。坚持数年，必有好处，有利于延年益寿。

生活比工作更重要

殊不知，再大的成就、再大的事业，其实都只是些不着边际的华光异彩而已，终究还是要褪去；只有实实在在的生活，家庭、亲人、朋友才是我们最真的牵挂！

多数年轻人，在刚进入社会的前三五年，就被事业这个美好愿景给迷惑了心智，把人生的目的和手段完全搞反了。殊不知，再大的成就、再大的事业，其实都只是些不着边际的华光异彩而已，终究还是要褪去；只有实实在在的生活，家庭、亲人、朋友才是我们最真的牵挂！对于功名利禄，不是不去追逐，而是不能把一切都舍弃，因为唯有生活才是一切的根本！

一位老先生因为一辈子工作忙碌，积劳成疾，自知自己将不久于人世，于是就在日记簿上写下了自己对一生的感悟：

“如果可以重返17岁，我要尝试更多的错误，我不会再事事追求完美。

“我情愿多休息，随遇而安，处世糊涂一点，也不要对将要发生的事处心积虑地计算着。其实，人世间有什么事情需要斤斤计较呢？

“可以的话，我会多去旅行，而不是成为工作狂。我要跋山涉水，再危险的地方也要去一趟。以前不敢吃冰淇淋，是怕健康有问题，此刻我是多么地后悔。过去的日子，我实在活得太小心、太过清醒明白、太过合情合理了。

“如果一切可以重来，我会放纵地享受每一分、每一秒。我会赤足走出户外，甚至彻夜不眠，用自己的身体好好感受世界的美丽与和谐。还有，我会去游乐场多玩几圈木马，多看几次日出，和公园里的小朋友玩耍。

“只要人生可以从头开始，但我知道，不可能了。”

老人是遗憾的，他到了生命的最后时刻，才感知到生命的意义。正如美国诗人惠特曼所说：“人生的目的除了去享受人生外，还有什么呢？”这“享受人生”绝不是大吃大喝，花天酒地，肆意妄为地生活，而是放慢生活的节奏，找到生活与工作的平衡。工作上的事情是永远做不完的，凡事必须“悠着点”。学会合理地生活，才能让身体保持在一个健康的状态，让心理保持在有张

有弛的阳光心态上，也唯有如此，你才可以和你喜欢的工作相处更久。

月华的老爸是某跨国公司的老总，月华从小就过着优越的物质生活，吃穿不愁的她被问及“对老爸记忆最深的是什么？”时，她的答案让记者瞠目结舌。记者们猜想这位富家千金的答案，无非像大多富人子弟说的那样，比如老爸买给自己最喜欢的品牌的衣服，送最贵的跑车做自己的生日礼物，让校长对自己优待有加等。但是，月华的答案是：“我印象最深的，是我老爸为我做的一些小事。比如每周三陪我吃早餐，每个月陪我逛游乐园！他每个月至少一次与我妈单独约会，他们两人还单独外出度假，有时还会尽量安排时间进行全家度假。我很喜欢生活化的老爸，我也很喜欢我充满爱的家庭。”

是的，就算物质生活再富有，在这个世界上，我们能记住的也是通过一些小事所反映出来的“情”，而不是地位和钱财。月华的爸爸再成功，他也会留出时间给自己的妻子和女儿，这样他的大后方才是稳固的、坚不可破的，他才能安心，才能专心于他的事业。

尽管现代社会节奏飞快，我们每个人都为了各种各样的梦想和人生目标而忙于工作，但是女孩，一定不要忽略了自己的生活，忽略了家人，忘却了生活的真谛。女孩毕竟不同于男人，无论在心理上还是在体力上，都弱于男人。女孩，你一定要平衡好工作与生活的关系，只有处理好了，你才能取得工作与生活的双丰收。如果生活得不如意，身体不好，这样的你将以何等体力、何种心态驰骋职场呢？女孩，你的生活是你应该最先处理好的事情。记住：劳作本身不是人生的目的，人生的目的是“生活得惬意”。一边勤奋工作，一边使生活充满乐趣，这才是和谐的人生。

再没有时间和金钱，也要抽空去旅游

女孩，再没有时间和金钱，也要出一趟远门，做一次远郊的旅行！你会发现，当你把心灵的空间安置在蓝天白云和碧波荡漾里时，你会重又有了向上的力量，笑对生活和工作的力量！

现代社会，残酷的竞争、快节奏的生活，使得我们就像工作的陀螺，整天都在疲于奔命，每天的工作酷似行军打仗，也像坐上了过山车，停不下来。我们有多久没有仰望天空了？

公园里一位母亲带着女儿在散步，天空特别得蔚蓝明净，仿佛被洗过似的。看着湛蓝的天空，女儿大声地对母亲说："如果我们的家在天空就好了！"

是的，小女孩说出了这句充满智慧的话"我们的家在天空"，与这句话类似的是："我的故乡在天上"。当我们看到蔚蓝的天空，看到洁白的云朵，我们的灵魂深处能感受到一种从未有过的自由感。女孩，如果堆积如山的工作让你感到窒息，你就像这个小女孩那样抬头仰望下天空吧。在蔚蓝的天空中，你可以寻找到自由，寻找到希望。

仅仅抬头看天，不脱离熟悉的场景，心灵也不会得到多大的缓冲。你的心灵和肉体还是要受苦，还是要被复杂的人和事、城市的喧嚣所淹没，所以最好的解脱方式就是来一次彻底的释放心灵之旅——旅行。

也许，工作时间不长、积蓄不多的年轻女孩会说："旅游是一笔不小的费用，谁都知道马尔代夫有碧海蓝天，阿尔卑斯山终年白雪覆盖，也很想在巴黎铁塔下留下倩影供日后回味，但是旅游的费用太高了。等稍稍有点钱了，脑子里整日盘算的也是投资置业和买房，旅游被迫降格为次一等的需要。"

但是，女孩，你不觉得这样的人生很累吗？你觉得这样的生活是你真正想要的吗？当你已经被工作压得忍无可忍、忘了自己的时候，你还有多少后劲继续在工作这个大机器上运转？你的眼界会越来越狭窄，生活对你而言也变得了无生趣了。所以，出去旅行吧，不管去哪里，只要离开城市的繁华和喧嚣！通过旅游，你会发现：如果拥有一颗自由的心灵，到哪里生活都是美好的。心灵具有强大的力量，如果不适时地给心灵一定的缓冲空间，我们的肉体和精神都是注定要受苦的。女孩，再没有时间和金钱，也要出一趟远门，做一次较远的旅行！你会发现，当你把心灵的空间安置在蓝天白云和碧波荡漾里时，你会重又有了向上的力量，笑对生活和工作的力量！

心洁是个从农村出来的女孩子，从小学到高中都没有出过自己那个县城。上了大学的心洁听着同学们大谈自己所到之处的风景和感想，就自惭形秽起来。于是，她下定决心通过自己的努力要亲身见识一下同学们走过的地方。她一边读书，一边勤工俭学，到寒暑假时，她凑齐了旅行的费用，就开始了期盼已久的旅行。

因为旅游的城市没有自己熟悉的人，为了安全起见，她晚上就睡在候车室，白天就去城市的旅游景点、大街小巷游玩。四年下来，她几乎跑遍了祖国的名山大川。

旅游拓宽了心洁的视野，增长了心洁的见识，在旅行中她看到了不同的世界。旅途中所经历的人和事，以及大自然中的一草一木，都给心洁带来了意想不到的启发，让她在短短的四年间，悟出许多的人生道理。这些见识也增加了她与别人聊天的谈资，而那些各不相同的见闻也使得心洁的心态更加平和，人也变得豁达起来。

她丰富的阅历使她变得聪慧睿智、魅力十足。

毕业后，当她与同学们一块去一家大型广告公司面试时，所

有面试官的目光都集中到了她的身上。正如莫文蔚所说："旅行会提升一个人的气质，让人散发出无限的魅力。"心洁被广告公司一眼相中，做了一名文案。

两年工作下来，心洁感到了疲倦，仿佛自己的生活中缺少了什么。对，想想自己整天面对电脑荧屏，埋头书堆文海，生活中缺少了大学时的旅行。于是心洁对户外活动的渴望，对大自然的向往就油然而生。

"五一"时，她邀上几个好友一起，去了号称"北京第一山"的灵山旅游。走在像铺满金丝绒的山路上，就像卸下了沉重的负担，她的精神在蓝天白云间升腾，她的心胸在层林尽染里陶醉。她尽情享受着深处山水间的惬意，与大自然交融在一起。山的空灵洗去了她的疲惫和杂念，让她感受到了自己久违的自由灵魂。

旅行是找到自己、回归本真的最好方法，旅游已经成了现代人的一种生活方式，旅行能使一个人的身心得到最大的放松和释然。聪明的女孩会有自己旅游的规划，在合适的时间、合适的金钱储备下，来次彻底的旅游放松。

就像心洁在大学时的旅行一样，旅游其实并不需要花太多的钱，只要你在其他方面（比如购物、美食上）节制一下，稍微克制一点，旅游的费用就节省出来了。对旅游的投资就是对人生的投资，旅游会给你的人生带来许多新鲜的改变，也能让你更清晰地认识和看清自己，说不定在漫长的旅程中还会有奇迹发生，比如发生一段恋情。

女孩，旅行是生活的一部分，要认识到这一点，对旅行做一点投资，这将让你受用终生。

有一个关照自己心灵的独处时间

女孩，不要惧怕独处。正是独处，让你有了关照自己心灵的时间，让你可以随时调整心态去面对未来的路。

很多女孩都有过分害怕孤独的倾向，她们不敢接受自己一个人的独处时光，就像小时候一个人在黑漆漆的房间里会产生恐惧一样。她们一下班或者一到周末，就呼朋引伴，不是去泡温泉就是去健身，或者去酒吧买醉。她们不敢让自己闲下来，好像只要一闲下来，就会觉得寂寞无聊。必须一个人独处的时候，她们也会拼命把自己的时间塞满，一会儿看电影，一会儿看电视，一会儿玩电子游戏，还会翻开手机通讯录，给好友打电话煲电话粥，总之，这些女孩就像没有生活的重点。对她们来说，周末最开心的事，莫过于有同事或者朋友邀约。

这些女孩表面上过得十分充实，每天都有节目，但实际上她们的内心极其空虚，她们是没有伴儿就无法快乐起来的人。女孩，你是刻意逃避孤独的人吗？你有想要靠男友、靠宾朋满座来掩盖自己寂寞的想法吗？其实，等你一旦有了家庭，被日常的琐事所牵绊时，你就会怀念单身时可以独处的时光了，恐怕你也会后悔自己单身时没能好好和自己独处了。你可能会嘲笑当时的自己是个笨蛋，如果那个时候能直面孤独的话，精神上就会更加充实，但此时单身时光的自由已经一去不复返了。

女孩，独处并不是什么坏事。在独处的时间里，你不妨多多充实自己，用知识和智慧来武装自己。就算有一大帮朋友在身边，就算有个温暖的家庭，在漫长的人生长河里，你终要有为孤独而痛苦的日子。孤独是人的宿命，人终要面对孤独这个宿命的问题，趁现在、趁年轻就去直面孤独吧，相信以后面对这个问题就会轻松得多。

越是害怕的事情，人越是不想面对。但其实正是因为害怕才恰恰不该逃避，而应该去直面。这跟女孩子胆小怕黑是一样的道理，你越是害怕什么，它就越能牢牢控制你，才越发显得可怕。每一个黑夜都会如期而至，你躲不掉黑夜的来临，那么与其害怕，不如勇敢去面对。孤独也是如此，一切你害怕、恐惧的事都是如此。

从心理学上讲，孤独的益处在于，可以对自己的内心、内在进行整合。人只有在孤独时最接近自己的灵魂，可以与自己好好地对话。所谓整合，就是把新的经验放到内在记忆中的某个恰当位置上。唯有经过这一整合的过程，自我才能成长为一个既独立又成熟的个体，所以，独处也是一种能力。女孩，独处调整你的身心，清扫你的心房，使你的内心世界相对自足和丰盈。

不妨借着独处的机会，在这个喧闹的城市中让自己沉静下来。想想自己的过去、现在和未来，或者把曾经那份最美的甜蜜温习一遍。细想一下，你能有多少时间可以用来回忆生命中的甜蜜时光呢？何不借此机会将自己带回那久违的空间？女孩，不要惧怕独处。正是独处，让你有了关照自己心灵的时间，让你可以随时调整心态去面对未来的路。偶尔的独处会让你的灵魂与你完全融合在一起，你也可以百分百地享受当下。锻炼自己的独处能力吧，你会因此变得更坚强、更勇敢！

后记

每一部著作的完成都离不开许多人的努力和艰辛的劳动。阅读是一种享受，写作这样一本书的过程，更是一种享受。

本书在策划和写作过程中，得到了许多同行的关怀与帮助，也得到了许多老师的大力支持，在此向他们致以诚挚的谢意：于海州、刘杨、李月玲、周成功、卫海霞、赵丽荣、王丽娟、刘蕾、桓浩然、代滢、陈小立、张春孝、侯艳燕等。

本书在编纂过程中，参考了大量的文献和作品，也借鉴了他人智慧的精华。在此谨向各位专家、学者致以真挚的谢忱。因为编写和出版时间仓促，以及编者水平所限，书中不足之处在所难免，诚请广大读者批评指正。